收錄台灣227種藥用植物，含藥名辯證、對應藥材與植株

古今本草植物圖鑑

Traditional Medicinal Plants in Taiwan

貓頭鷹

目次

現代本草學如何進行研究　　　　4

藥草學如何鑑定古本植物的現代名與療效　6

藥效與產地風土環境間之關係　　8

快速檢索表　　　　　　10

如何使用本書　　　　　19

蕨類

木賊科　　　　20

蘋科　　　　21

水龍骨科　　22

海金沙科　　24

卷柏科　　　25

裸子植物

杉科　　　　26

柏科　　　　27

銀杏科　　　28

被子植物　雙子葉

楊梅科　　　29

胡桃科　　　30

楊柳科　　　31

樺木科　　　32

殼斗科　　　33

榆科　　　　36

桑科　　　　37

蕁麻科　　　43

蓼科　　　　45

馬齒莧科　　48

落葵科　　　49

藜科　　　　50

莧科　　　　51

木蘭科　　　55

樟科　　　　56

毛茛科　　　61

小蘗科　　　63

蓮科　　　　64

睡蓮科　　　65

蓴科　　　　66

三白草科　　67

胡椒科　　　69

獼猴桃科　　71

茶科　　　　72

金絲桃科　　74

十字花科　　76

金縷梅科	80	五加科	156		
虎耳草科	81	繖形科	157		
薔薇科	82	杜鵑花科	161		
安石榴科	91	紫金牛科	162		
豆科	92	柿樹科	163		
酢漿草科	103	灰木科	164		
蒺藜科	105	木犀科	165		
大戟科	106	夾竹桃科	166		
芸香科	110	茜草科	168		
苦木科	118	旋花科	172		
楝科	119	馬鞭草科	175		
無患子科	121	唇形科	179		
橄欖科	125	茄科	183		
鳳仙花科	126	玄參科	189		
冬青科	127	胡麻科	190		
黃楊科	128	紫葳科	191		
鼠李科	129	爵床科	192		
葡萄科	130	車前科	193		
錦葵科	133	忍冬科	194		
木棉科	137	桔梗科	196		
梧桐科	138	菊科	198		
大風子科	139				
菫菜科	140				
葫蘆科	141				
使君子科	152				
菱科	154				
山茱萸科	155				

被子植物 單子葉

百合科	207
石蒜科	216
百部科	217
薯蕷科	218
菝葜科	219
鳶尾科	221
燈心草科	222
鴨跖草科	223
莎草科	224
禾本科	226
棕櫚科	236
天南星科	241
浮萍科	243
香蒲科	244
薑科	245

本草綱目索引	**246**
中名索引	**248**
學名索引	**251**

現代本草學如何進行研究

本草學，顧名思義就是研究、探討本草的科學。那麼，什麼是本草呢？已故本草學大家、那琦博士給了我們一個很好的總結：「本草者，乃中國古代之藥書也。或謂之中國古代之藥學，亦無不可。」

據此，研究和考證歷代諸家藥書所載品項的來源以及其應用等知識的學問，就稱為「本草學」。

自梁朝陶弘景編了《神農本草經集注》一書，奠定古代本草典籍的基礎以來，唐、宋二代更以國家之力頒布了以《新修本草》為首之的各代官修本草，而到了至明代李時珍撰《本草綱目》集其大成。至清代仍有《本草從新》等眾多著述出現，這些都是古代本草學家研究與考據的成果，或可稱其為「古典本草學」。

然而，這一種源自於中國、進而發展至周邊國家的獨特博物學系統，因受限於古代科學技術簡陋與資訊傳播困難的影響，導致本草學家或其團隊實難以確切考證所有品項的實物與來源，導致後世本草之中，常時有憑空臆測的說法，甚或出現彼此衝突的記述分歧。

對於古典本草學的這個缺憾，民初趙燏黃、謝宗萬、岡西為人、那琦等先賢，便運用現代（動物、植物與礦物之）分類學、生藥學和藥理方法來補其不足，令古今中國藥材研究能相互接軌，或可稱其為「現代本草學」。

現在，就為大家簡單介紹一下「現代本草學」的各項研究方法，簡述如下：

歷代本草典籍目錄建立

進行現代本草學的研究，首先要做的是「善本蒐集」，也就是要先搜羅各方庫存的本草善本，閱覽並記錄下書目、卷次、著者、成書年代等目錄學基本要素，以便之後進行「文

獻比對」。文獻比對就是與現存的書目序錄、版本考證、各類索引、文字音韻等工具類文獻，或其他相關史料進行對照，以確認上述重要資訊的正誤或補足闕漏。

一般來說，典籍通常經過多次的傳抄翻刻，難免會有所闕漏或是錯誤產生，所以必須對同書異本間之出版序跋、排印方式與因避諱更動、傳印闕漏等，所導致的重要文字變更進行考訂與校勘。最後綜結成果，建立本草目錄及中國主要本草的系統圖。

各別本草典籍考察與重輯

俗話說：「萬丈高樓平地起」，想做好研究，資料蒐集絕對是基礎穩定的重要關鍵，半點不能馬虎。包括歷代各版刊本與古今目錄或研究，都必須搜羅並確認其卷次、著者、年代及歷代版本演變等重要資訊，並進行「平行比較」。我們從各版本中截取其中所載的特殊項目、藥名、附方、引用來源、用字遣詞等資料，並與同期相關文史資料做比對，便可考證其記述年代或作者之真偽。

除了平行比較，還需對同書異本進行比對，並統計其品項與記述出入。另汲取他書引用自本書目的內容，也進行比對與統計。之

後,根據諸家著述,盡可能地究其本來格式、序次,並輯諸家引用卻已亡佚的內文,重新輯錄書目原文。

復原全文後,當然還得加上標點符號,選取適當之注釋並給予流暢的今譯,重新編輯各別本草典籍或譯注本,才能方便現代讀者閱讀。

中國藥材之系統研究

製作「本草系統圖」,將本草的傳承以系統圖予以標示,以了解該品項之本草傳承,以及現代市場品之基原、效能,以切乎實際應用的需求,也是重要的研究工作。

此類研究方法首先一樣是就該品項有關的本草記載與其他相關文獻,進行摘錄或影印,並記錄文獻之出典,如書名、著者、年代、出版社的卷數、頁碼等以供整理及參考。

接著,就上述本草文獻,依其著作時代的先後順序,將其原文予以重錄。以瞭解其間先後傳承的關係及該品項在該時期被重視及發揚的現況,即將其本草之橫切面予以剖視。然後,依上述歷代諸家本草原文,將其本草的傳承,以系統圖予以標示,如此就可檢視出該品項於何時有何記載,並知其名稱傳變情形,確立研究輪廓。

本草系統圖完成後,接著進行的是「基原檢定」與「效能考訂」等科學檢驗工作。一方面考察本草記述中之藥材形態、種類與產地,並以分類學分析其可能的基原及其基原是否有所改變。另一方面蒐集全國市場品進行生藥學基原鑑定,兩方比較以確立該品項的可能來源。

生藥學基原鑑定最主要工作是考察本草記述中之性味、主治、效能,採用可能的市場品,再以中藥藥理學檢驗其效能,並與典籍記載兩相比對。若該品項有特別的記載,或特出的功效或奇績,則可優先論列研究,以示重要。

此外,調查歷代炮製之法,也可為化學分析時所採用之溶劑、萃取方法提供方向。

其他相關或衍生研究舉例

本草之避諱問題

歷代本草因避諱而變更其所記述之人名、藥名、用語等,一方面在重輯時還其最初版本面貌,另方面也可就有無避諱或避何代諱來考訂版本時代。例如:現今我們所熟知的山藥在古時被稱為薯蕷,在唐時為避唐代宗李豫諱而改稱薯藥,宋朝時為避宋英宗趙曙諱而改為山藥。

通同字譯注

包括音義相同而部首未同者。原因通常為因時代背景轉變而以他字代易、字體相異者,或使用俗字、訛字、脫字,或一時筆誤產生而產生文義互異者。例如:防己在宋朝以前的本草典籍皆以防巳載之,直至《本草綱目》始有防已出現,清朝之《本草備要》則同時出現防巳與防己,至民國復刻之《本草綱目》則變成防己。

藥草學如何鑑定古本植物的現代名與療效

考證並確定歷代本草中所收載藥材品項之基原，不但對釐清本草中矛盾之型形態記述有所幫助，更對正確繼承該時代醫方用藥有實質助益。並且，可透過相關研究來檢正來源混亂之中藥市場品。以下就中藥基原之本草考訂方法簡述之：

一、本草分析

系統調查

調查歷代諸家本草原文，建立該藥材之本草系統圖，以檢視出該品項於何時有何記載，並知其名稱、記錄傳變情形，確立研究輪廓。

效能考訂

考察本草記述中之性味、主治、效能，採用可能市場品以中藥藥理學檢驗其效能，並與典籍記載兩相比對之。若該品項有特別之記載，或特出的功效或奇績，則可優先論列研究，以示重要。

型態記錄

一方面考察本草記述中藥材之種類、型態、藥圖與產地，並分析其記載是否有所改變或前後衝突，以判斷其藥材之可能基原是否曾有所改變。提供後續基原鑑定工作之前置資料。

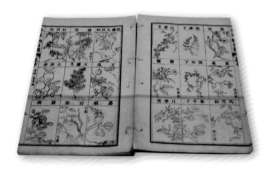

旁徵博引

對於藥材基原植物之型態、特徵、品種或繪圖之論述，可以從歷代植物或農業專著中徵得部分輔助資料。

二、基原鑑別

植物生態

舊有典籍對於藥材或其基原之敘述往往較簡單扼要，但有時僅一兩句話即可用為分辨之關鍵。例如白薇、白前之市場品極其混亂，查《新修本草》載「葉如柳葉，或如芫花，生洲渚砂磧之上。」經植物調查，浙江白前生於江邊溪灘多砂實之處，而白薇生於山上，絕不相重，如此可彌補型態描述不詳而長期錯亂混淆不清之現象。

藥材特徵

形、色、氣、味至關重要。例如《圖經本草》載「大黃……以蜀川錦紋者佳。」可知其用為有雲錦紋之藥用大黃、掌葉大黃，而非山大黃、藏邊大黃等。

形成加工

部分同名異物雖名稱相同，但其形成或加工過程迥然有別。例如《本草綱目》之竹黃為竹瀝乾燥凝結而成，與另一種俗謂竹黃之真菌完全不同。

產地分布

植物品種和地理分布有相當密切的關聯，因古代少有異地引種，故藥材之產地具有和植物分布相關之傳統性。例如《史記・倉公傳》：「太倉公淳于意治臨淄女子薄吾蟯瘕……意飲以芫花一撮，即出蟯，可數升，病遂愈。」淳于意為山東人，臨淄亦在山東境，查山東芫花僅芫花一種，無黃芫花，此處所用應屬前種。

藥材名稱

藥材之命名，總是有一定意義，適當的推敲藥材之正名、土名、別名等，對考正品種有時會有一定的幫助。

實物依據

實物標本是基原鑑定最有力之證據，但能遺留至今之標本稀少，極為珍貴。例如日本正倉院所保有之一批唐代藥材標本，即從其中鑑定出當時之芒硝為硫酸鎂而非硫酸鈉。

三、藥效研究

成分分析

目前絕大部分的藥材成分已經都被分離與解明，藥材品質的好壞常取決於活性成分的多寡。

藥理活性

選用與歷代記載功能、主治相關之病證動物模型，以進行其萃取物之功效驗證，並進一步對其在身體內作用機轉進行探討。

老藥新用

對於在中醫功能主治理論中驗證或發現新的藥理作用，深入研究其機理，分離其有效成分，因而拓寬臨床應用。

益母草古名茺蔚，是婦科良藥。

藥效與產地風土環境間之關係

天然藥物之藥效功能多半來自於其所含的化學成分，而植物二次代謝產物之種類與多寡，往往也受到所處環境的影響，以植物藥為主的中國藥材亦不能例外。所以當我們討論到藥材療效與產地環境之間的關係時，就要了解「道地藥材」的概念及形成的原因。

道地藥材歷史悠久，這個概念可追溯到東漢時期，《神農本草經·序例》：「土地所出，真偽新陳，並各有法。」便強調區分藥材產地、講究道地的重要性。所載三百六十五種藥材，可看出藥「道地」的色彩，如巴豆、巴戟天、蜀椒、阿膠，其中的巴、蜀、東阿都是西周前後的古地名或古國名。

《新修本草·序例》亦云：「動植形生，因方舛性；春秋節變，感氣殊功。離其本土，則質同而效異；乖於采摘，乃物是而時非。」而由此延伸出來、強調藥材產地所在者，即是「道地藥材」的觀念。

陶弘景《本草經集注》：「諸藥所生，各有境界。多出近道，氣力性理，不及本邦。所以療病不及往人，亦當緣此故也。蜀藥北藥，雖有未來，亦複非精者。上黨人參，殆不復售。華陰細辛，棄之如芥。」又云：「自江東以來，小小雜藥，多出近道，氣為性理，不及本邦。」書中，對四十多種常用中藥的道地性採用「第一」、「最佳」、「為佳」、「為良」、「為勝」等代表質優的詞來描述。而，真正出現「道地藥材」一詞，則是在明朝湯顯祖的戲曲《牡丹亭·詗藥》。

道地藥材，亦可稱為地道藥材，是指特定基原，在特定自然條件、生態環境的地區所生產，且生產較為集中，栽培技術與採收加工都有一定程度地講究，為世所公認較他地相同藥材品質佳、療效好，久負盛名者。例如：甘肅當歸，寧夏枸杞，四川黃連、川澤瀉，雲南木香、三七，內蒙古甘草等，都是著名的道地藥材。

中國中醫科學院中藥研究所黃璐琦研究員曾說：「道地藥材具有以下的公認屬性：具有特定的品質標準及優良的臨床療效，具有明顯的地域性和豐富的文化內涵，具有較高的經濟價值。其中特定的品質標準和優良的臨床療效，體現了道地藥材的最重要的價值。」特定的地區、品質的優異、確切療效使得道地藥材成為中醫藥的精隨。人們也認為，道地藥材的使用，才會使疾病確切地被治療矯正。

人參

道地藥材形成的機制常與環境條件、基因遺傳、當地人文、地理位置等因素息息相關，相當複雜。研究學者提出了五種道地藥材形成的基本模式：(1)生態環境主導型(2)生物物種主導型(3)生產技術主導型(4)人文傳統主導型(5)多因數關聯決定型。多年長久地生產種植，特殊地理環境、自然生態條件影響下，中藥材遺傳物質也會一點一點的有所變化，反映出來的就是種植、藥材品質的改變。其中有相當多的影響因子互相交互作用，共同形成一個複雜的道地藥材的網絡。

「道地藥材」大部分長期以來沒有改變，因此可從名稱得知是產於何地的藥材，如建澤瀉、懷牛膝、川貝母。以牛膝為例，《本草圖

經》謂：「生河南川谷及臨朐，今江、淮、閩、粵、關中亦有之，然不及懷州者為真。」宋代即以「懷州牛膝為道地」，而現代仍以懷牛膝為上。又如烏藥，《本草圖經》云：「烏藥生嶺南邕容州及江南，今台州、雷州、衡州亦有之，以天臺者為勝。」與目前情況亦仍吻合。

然而「道地藥材」既以品質好、療效佳為其主要標誌，又是人為地以「擇優而立」為選拔的準繩。那麼，隨著時代的發展，醫藥學的進步，人們當發現了比原先所認的「道地藥材」更為質優效佳時，就往往轉向新的道地產區。如地黃，自魏晉以至於明，對道地產區所述各有不同，有咸陽（陝西）、彭城（江蘇銅山）、同州（陝西大荔）與懷慶（河南沁陽）之別。但近代則專認懷慶地黃為「道地」。《本草綱目》：「今人惟以懷慶地黃為上，亦各處隨時興廢不同爾。」即指名地藥材之產區也可能會隨著時代發生變遷。

人參，明代以前莫不以上黨人參為尊。《證類本草》轉引《本草圖經》的潞州人參圖，四椏五葉，頂有繖形花序，特徵與今用之人參相符，表示上黨（今山西省長治縣）曾產過五加科之人參或其近緣品種。但至乾隆自注詩作時已是：「昔陶弘景稱人參上黨者佳，今惟遼陽、吉林寧古塔諸山中所產者神效，上黨之參直同凡卉矣。」這是說道地人參的產區歷史上有變化，在明清時代由古代的上黨變遷為東北人參為道地了。

古今道地藥材其產區時有變遷，原因多端，而自然地理條件的改變和人為因素施加的影響至關重要。例如：人參古代產上黨，而現時上黨為何不產人參，很可能是當時上黨有森林，而後來逐漸被砍伐，破壞了人參的生長環境，自然條件的改變，使人參在上黨絕跡是大有可能的。因此，保護對藥用植物生長發育有利的某些特定生態環境，改善不利因素，保持原有的道地產區，在此基礎上擴大發展新的道地產區，才能保持道地藥材不衰。

現在某些野生道地藥材的產區，對野生道地藥材不予以保護重視，使其瀕臨絕種。因此除了制訂出合理的利用與再生保護方案外，有計劃地進行藥用植物的栽培，實屬必要。要保持道地藥材的優質而永久不衰，還必須加強對道地藥材的科學研究。例如對優良品種培育的研究；加強道地藥材區劃的研究；道地藥材生態環境與有效成分含量、微量元素種類關係的研究；道地藥材與非道地藥材品種分析與臨床療效對比的研究；道地藥材栽培技術和產地加工的研究等等，都是非常必要的。（參考資料請見255頁）

牛膝以懷牛膝為道地上品。

快速檢索表

为 方便讀者快速查照，本單元特依據植物的葉片在莖上的排列順序（以下稱「葉序」）與葉子的形狀（以下稱「葉形」），來細分本書收錄的227種本草植物。無論是單葉或複葉，都可以依照其葉序、葉形來檢索；唯複葉者請用小葉的葉序（植物名前標示有★者）與葉形來做檢索。

葉序：互生（請從本頁查起），對生（請翻至P.15），叢生（請翻至P.18），輪生（請翻至P.18）。若該植物不見其葉，則請直接翻至P.18。

葉序：互生

葉形：狹長形（針形、線形到披針形）

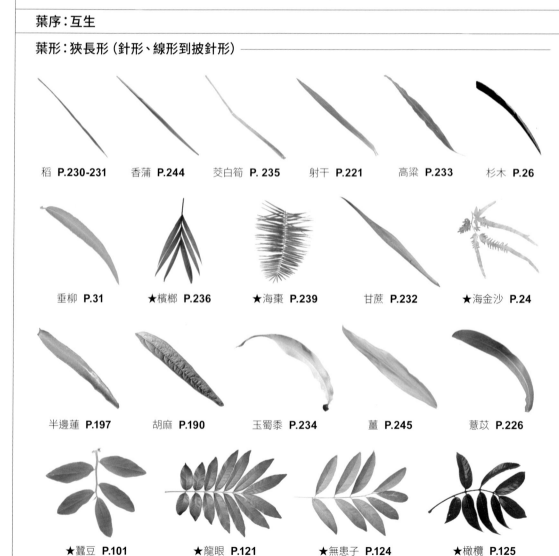

稻 P.230-231　　香蒲 P.244　　茭白筍 P.235　　射干 P.221　　高粱 P.233　　杉木 P.26

垂柳 P.31　　★檳榔 P.236　　★海棗 P.239　　甘蔗 P.232　　★海金沙 P.24

半邊蓮 P.197　　胡麻 P.190　　玉蜀黍 P.234　　薑 P.245　　薏苡 P.226

★蠶豆 P.101　　★龍眼 P.121　　★無患子 P.124　　★橄欖 P.125

葉序：互生

葉形：狹長形（針形、線形到披針形）

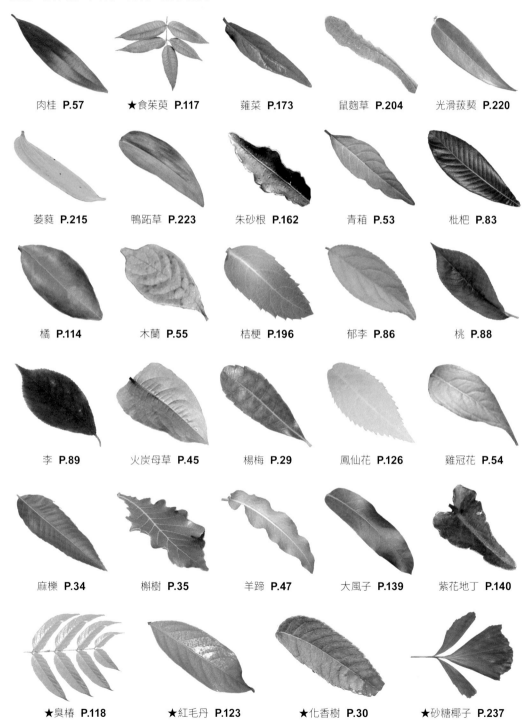

肉桂 **P.57**　　★食茱萸 **P.117**　　蕺菜 **P.173**　　鼠麴草 **P.204**　　光滑菝葜 **P.220**

薺蒢 **P.215**　　鴨跖草 **P.223**　　朱砂根 **P.162**　　青葙 **P.53**　　枇杷 **P.83**

橘 **P.114**　　木蘭 **P.55**　　桔梗 **P.196**　　郁李 **P.86**　　桃 **P.88**

李 **P.89**　　火炭母草 **P.45**　　楊梅 **P.29**　　鳳仙花 **P.126**　　雞冠花 **P.54**

麻櫟 **P.34**　　槲樹 **P.35**　　羊蹄 **P.47**　　大風子 **P.139**　　紫花地丁 **P.140**

★臭椿 **P.118**　　★紅毛丹 **P.123**　　★化香樹 **P.30**　　★砂糖椰子 **P.237**

葉序：互生

葉形：寬圓形（橢圓形、卵形、圓形、腎形）

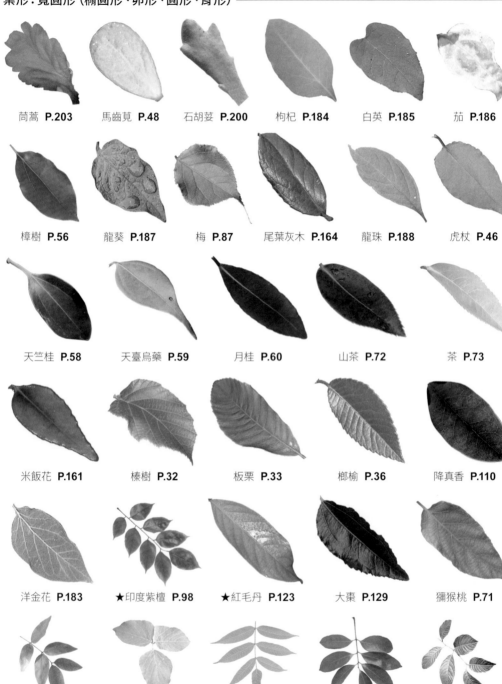

茼蒿 **P.203**　　馬齒莧 **P.48**　　石胡荽 **P.200**　　枸杞 **P.184**　　白英 **P.185**　　茄 **P.186**

樟樹 **P.56**　　龍葵 **P.187**　　梅 **P.87**　　尾葉灰木 **P.164**　　龍珠 **P.188**　　虎杖 **P.46**

天竺桂 **P.58**　　天臺烏藥 **P.59**　　月桂 **P.60**　　山茶 **P.72**　　茶 **P.73**

米飯花 **P.161**　　榛樹 **P.32**　　板栗 **P.33**　　榔榆 **P.36**　　降真香 **P.110**

洋金花 **P.183**　　★印度紫檀 **P.98**　　★紅毛丹 **P.123**　　大棗 **P.129**　　獼猴桃 **P.71**

★阿勃勒 **P.94**　　★大葛藤 **P.99**　　★香椿 **P.119**　　★荔枝 **P.122**　　訶梨勒 **P.153**

葉序：互生

葉形：寬圓形（橢圓形、卵形、圓形、腎形）

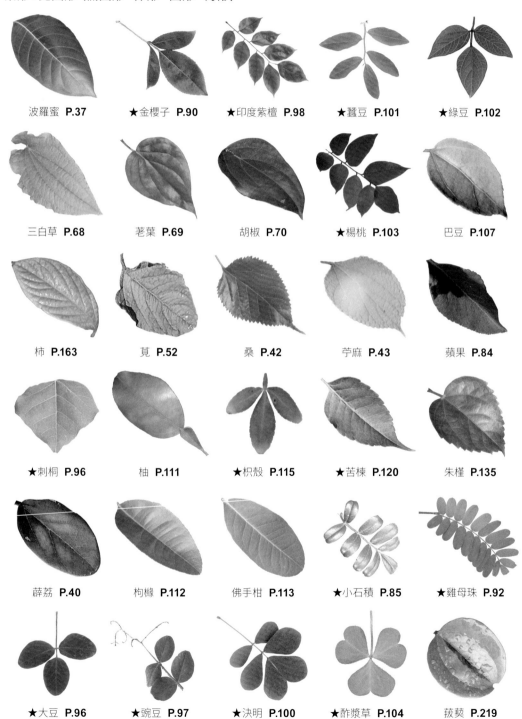

波羅蜜 **P.37**　★金櫻子 **P.90**　★印度紫檀 **P.98**　★蠶豆 **P.101**　★綠豆 **P.102**

三白草 **P.68**　荖葉 **P.69**　胡椒 **P.70**　★楊桃 **P.103**　巴豆 **P.107**

柿 **P.163**　莧 **P.52**　桑 **P.42**　苧麻 **P.43**　蘋果 **P.84**

★刺桐 **P.96**　柚 **P.111**　★枳殼 **P.115**　★苦楝 **P.120**　朱槿 **P.135**

薜荔 **P.40**　枸櫞 **P.112**　佛手柑 **P.113**　★小石積 **P.85**　★雞母珠 **P.92**

★大豆 **P.96**　★豌豆 **P.97**　★決明 **P.100**　★酢漿草 **P.104**　菠菱 **P.219**

葉序：互生

葉形：寬圓形（橢圓形、卵形、圓形、腎形）

木槿 **P.136**　　烏臼 **P.109**　　蓴 **P.66**　　銀杏 **P.28**　　★田字草 **P.21**　　八角蓮 **P.63**

葉形：心形、戟形

落葵 **P.49**　　蕺菜 **P.67**　　油桐 **P.106**　　牽牛花 **P.174**　　構樹 **P.38**

葉形：心形、戟形　　　　　葉形：單葉邊緣缺刻

蜀葵 **P. 133**　　黃獨 **P.218**　　盧山石葦 **P.23**　　冬瓜 **P.141**　　西瓜 **P. 142**　　香瓜 **P.143**

葉形：單葉邊緣缺刻

細本葡萄 **P.131**　　越瓜 **P.144**　　胡瓜 **P.145**　　南瓜 **P.146**　　葫蘆 **P.147**

★毛茛 **P.62**　　絲瓜 **P.148**　　苦瓜 **P.149**　　木虌子 **P.150**　　王瓜 **P.151**

葡萄 **P.132**　　梧桐 **P.138**　　蓖麻 **P.108**　　通草 **P.156**　　水芙蓉 **P.1134**

葉序：互生

葉形：單葉邊緣缺刻

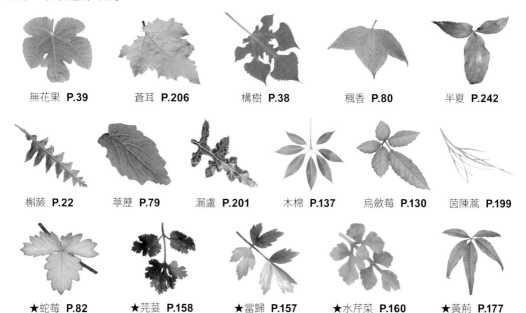

無花果 **P.39**　　蒼耳 **P.206**　　構樹 **P.38**　　楓香 **P.80**　　半夏 **P.242**

梳蕨 **P.22**　　葶藶 **P.79**　　漏盧 **P.201**　　木棉 **P.137**　　烏斂莓 **P.130**　　茵陳蒿 **P.199**

★蛇莓 **P.82**　　★芫荽 **P.158**　　★當歸 **P.157**　　★水芹菜 **P.160**　　★黃荊 **P.177**

葉序：對生

葉形：狹長形（針形、線形到披針形）

萬年松 **P.25**　　側柏 **P.27**　　天門冬 **P.212**　　★椰子 **P.238**　　胡麻 **P.190**　　鱧腸 **P.202**

水苦賈 **P.189**　　安石榴 **P.91**　　★吳茱萸 **P.116**　　★食茱萸 **P.117**　　★臭椿 **P.118**　　★香椿 **P.119**

★苦楝 **P.120**　　★荔枝 **P.122**　　山黃梔 **P.169**　　★化香樹 **P.30**　　★冇骨消 **P.195**　　★橄欖 **P.125**

葉序：對生

葉形：寬圓形（橢圓形、卵形、圓形、腎形）

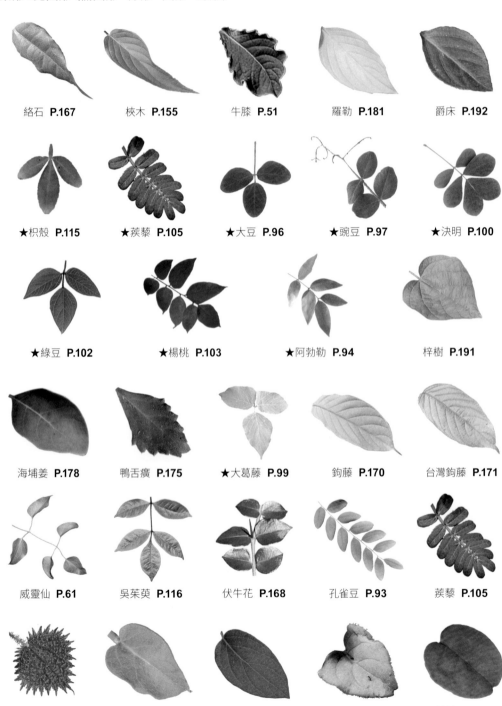

絡石 **P.167**　　　梜木 **P.155**　　　牛膝 **P.51**　　　羅勒 **P.181**　　　爵床 **P.192**

★枳殼 **P.115**　　★蒺藜 **P.105**　　★大豆 **P.96**　　★豌豆 **P.97**　　★決明 **P.100**

★綠豆 **P.102**　　★楊桃 **P.103**　　★阿勃勒 **P.94**　　梓樹 **P.191**

海埔姜 **P.178**　　鴨舌癀 **P.175**　　★大葛藤 **P.99**　　鉤藤 **P.170**　　台灣鉤藤 **P.171**

威靈仙 **P.61**　　吳茱萸 **P.116**　　伏牛花 **P.168**　　孔雀豆 **P.93**　　蒺藜 **P.105**

蕁麻 **P.43**　　牛皮消 **P.166**　　忍冬 **P.194**　　夏枯草 **P.182**　　茉莉 **P.165**

葉序：對生

葉形：寬圓形（橢圓形、卵形、圓形、腎形）

使君子 **P.152**　　瓊崖海棠 **P.75**　　鳳果 **P.74**　　黃楊 **P.128**　　枸骨 **P.128**

葉形：單葉邊緣缺刻

★芫荽 **P.158**　　★當歸 **P.157**　　水芹菜 **P.160**　　葎草 **P.41**

益母草 **P.179**　　白花益母草 **P.180**　　馬鞭草 **P.176**　　★黃荊 **P.177**

葉形：三角形　　　　葉形：心形

豨薟 **P.205**　　★田字草 **P.21**　　百部 **P.217**　　★酢漿草 **P.104**

葉序：叢生

葉形：狹長形（針形、線形到披針形）

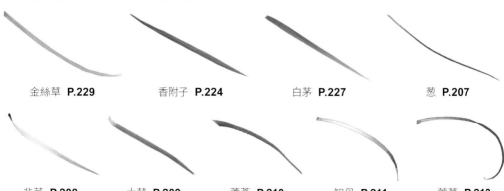

金絲草 **P.229**　　香附子 **P.224**　　白茅 **P.227**　　葱 **P.207**

韭菜 **P.208**　　大蒜 **P.209**　　蘆薈 **P.210**　　知母 **P.211**　　萱草 **P.213**

葉序：叢生

葉形：狹長形（針形、線形到披針形）

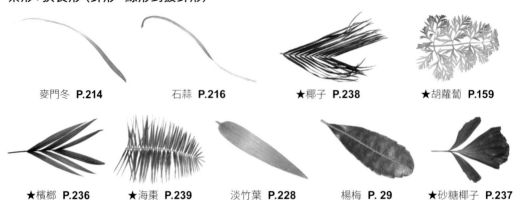

麥門冬 **P.214**　　石蒜 **P.216**　　★椰子 **P.238**　　★胡蘿蔔 **P.159**

★檳榔 **P.236**　　★海棗 **P.239**　　淡竹葉 **P.228**　　楊梅 **P. 29**　　★砂糖椰子 **P.237**

葉形：卵形、寬圓形

車前草 **P.193**　　大頭菜 **P.77**　　菱角 **P.154**　　高麗菜 **P.76**

蓮 **P.64**　　芡 **P.65**　　虎耳草 **P.81**　　水萍 **P.243**

葉形：心形、戟形　　　　　　　　　　　### 葉形：單葉邊緣缺刻

芋 **P.241**　　牛蒡 **P.198**　　菠菜 **P.50**　　垂葉棕櫚 **P.240**　　蘿蔔 **P.78**

葉序：輪生

葉形：三角形　　　### 葉形：不見葉

木賊 **P.20**　　菟絲子 **P.172**　　燈心草 **P.222**　　荸薺 **P.224**

如何使用本書

本書精選227種國人最常見、常用、實用的本草植物，為其驗明正身，並依照植物學分類，依照蕨類、裸子植物、被子植物雙子葉與單子葉的類別順序編排。在此介紹個論的編排方式：

物種所屬科名　　　　物種所屬屬名　　　　拉丁學名，含命名者。

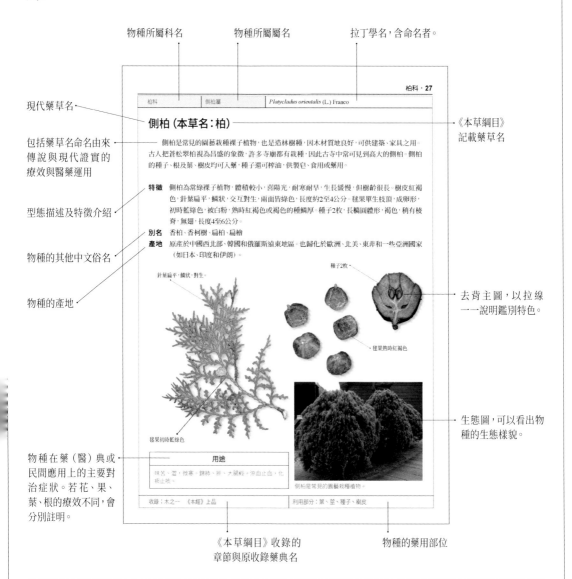

現代藥草名

包括藥草名命名由來、傳說與現代證實的療效與醫藥運用

型態描述及特徵介紹

物種的其他中文俗名

物種的產地

《本草綱目》記載藥草名

去背主圖，以拉線一一說明鑑別特色。

生態圖，可以看出物種的生態樣貌。

物種在藥（醫）典或民間應用上的主要對治症狀。若花、果、葉、根的療效不同，會分別註明。

《本草綱目》收錄的章節與原收錄藥典名

物種的藥用部位

柏科 · 27

柏科　　側柏屬　　*Platycladus orientalis* (L.) Franco

側柏 (本草名：柏)

側柏是常見的園藝栽種裸子植物，也是造林樹種，因木材質地良好，可供建築、家具之用。古人把蒼松翠柏視為昌盛的象徵，許多寺廟都有栽種，因此古寺中常見到高大的側柏。側柏的種子、根及葉、樹皮均可入藥，種子還可榨油，供製皂、食用或藥用。

特徵　側柏為常綠裸子植物，體積較小，喜陽光，耐寒耐旱，生長緩慢，但樹齡很長。樹皮紅褐色，針葉扁平，鱗狀，交互對生，兩面皆綠色，長度約2至4公分。毬果單生枝頂，成卵形，初時藍綠色，被白粉，熟時紅褐色或褐色的種鱗厚。種子2枚，長橢圓體形，褐色，稍有棱脊，無翅，長度4至6公分。

別名　香柏、香柯樹、扁柏、扁檜
產地　原產於中國西北部、韓國和俄羅斯遠東地區。也歸化於歐洲、北美、東非和一些亞洲國家（如日本、印度和伊朗）。

針葉扁平，鱗狀，對生。

種子2枚

毬果熟時紅褐色

毬果初時藍綠色

用途
味苦、澀，微寒。歸肺、肝、大腸經。涼血止血，化痰止咳。

側柏是常見的園藝栽種植物。

收錄：木之一　《本經》上品　　　利用部位：葉、莖、種子、樹皮

特別注意：本書所載藥草療效僅供參考，有關疾病診斷、建議、治療、處方應以合格醫師指示為準，醫療相關問題仍應請教專業醫療人員。使用本書所列藥草之前請徵詢藥草專家意見，了解需要注意事項與禁忌，務必謹慎使用。

木賊科	木賊屬	*Equisetum ramosissimum* Desf.

木賊（本草名：木賊）

　　本種植物的莖表面粗糙，常被用於刨光木材，因此而有「木賊」之稱。又因其莖有節，節節相連，亦被稱為「節節草」、「接骨草」。木賊是地球上最古老的植物之一，在石炭紀時，木賊常形成高大的森林。特別的是，木賊除了藥用，也有美容功效。將木賊的莖切碎，放進鍋中加水、蜂蜜，煮20分鐘，冷卻後過濾，再加金縷梅汁調勻，即可製成收斂水，塗抹於臉、頸部，用以收縮毛孔。

特徵　具橫走的地下莖及直立的地上莖，高20至160公分，直立莖中空有節，表面粗糙，具8至15條縱溝，很少分枝。小葉輪生於節上，基部癒合成鞘，先端為長線狀三角形的鞘齒，每一齒有一條脈，其邊緣薄膜狀；莖頂抽出黃色長橢圓形之孢子囊穗，由許多六角形盾狀構造物組成。

別名　接骨草、接骨筒、無心草、節節草、筆頭菜、剝節草。

產地　原產於亞洲、歐洲和非洲的大部分地區，在美國東南部引進。

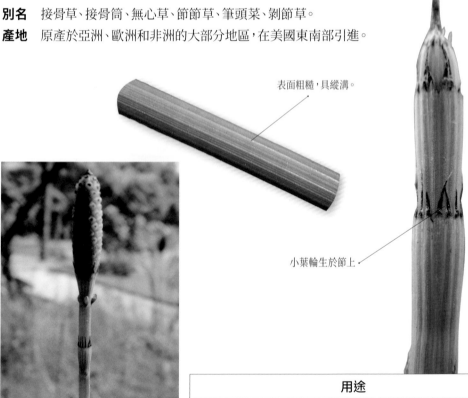

表面粗糙，具縱溝。

小葉輪生於節上

莖頂抽出黃色長橢圓形之孢子囊穗

用途

味甘、微苦，性平，無毒。治眼疾，退翳膜，消積塊，益肝膽，療腸風，止痢疾及婦女月水不斷、崩中赤白。能發汗解肌，止淚、止血，祛風濕，治疝痛、脫肛。

收錄：草之四　宋《嘉祐》	利用部分：全草

| 蘋科 | 蘋屬 | *Marsilea minuta* L. |

田字草 (本草名：蘋)

　　因頂生的四片小葉猶如「田」字，故稱為「田字草」。田字草屬於蕨類植物，不開花，而是由孢子繁殖。它的孢子囊果生長於節間或葉柄基部，冬季水量少時，節間短縮，葉柄變短，小葉也變窄，孢子囊果就在此時長出來，進行繁殖。

特徵　根狀莖匍匐在泥中並有分枝，根細長柔軟，節上著生多數細根及葉。葉柄可長8至30公分以上，頂生倒三角狀扇形小葉4片，十字形對生，先端渾圓，全緣，葉脈叉狀射出，背面淡褐色，具腺狀鱗片。孢子囊果生於葉柄基部，2至3枚叢生，基部相連梗長約1公分；孢子囊果斜卵形或近圓形，徑2至4公釐，被毛，內含孢子囊群約15個，每個孢子囊群內有大小二種子囊；子囊著生於托部，成熟時裂開伸出，散布孢子。

別名　四葉菜、南國田字草、水鹽酸、四賢菜、苹菜。

產地　亞洲和澳洲的熱帶地區，包含中國南方、台灣、日本琉球及九州。

倒三角狀小葉十字對生

田字草是多年生水生草本蕨類植物

用途

味酸、苦，性平，無毒。效用：利尿、解毒、止血、安神、截瘧。主治：風熱目赤、腎炎水腫、腫毒、肝炎、吐血、瘧疾、精神衰弱、尿血、癰瘡、蛇傷、解渴、消炎。

| 收錄：草之八　《吳普本草》 | 利用部分：全草 |

水龍骨科	槲蕨屬	學名	*Drynaria roosii* Nakaike

槲蕨（本草名：骨碎補）

　　相傳古時神農氏曾在懸崖上採藥草，不小心從崖上跌了下去，雙腿摔成粉碎性骨折。正值動彈不得、求助無門之際，突然有一群猴子手上拿著藥草根，跑到神農氏身邊。猴子紛紛把藥草根遞給神農氏，他嚐一嚐之後便喝了一些藥汁，又將嚼爛的藥草根渣敷在傷口處。神奇的是，摔斷的腿立刻消腫不痛了，骨頭也漸漸恢復成原形。神農氏的腿恢復之後，便順著猴子來的小路，找到了這種草藥，並將它命名為「骨碎補」；又因這是猴子找到的神奇草藥，外形似薑，所以也稱之為「猴薑」。

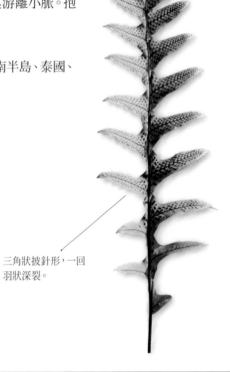

三角狀披針形，一回
羽狀深裂。

特徵　根、莖粗長，橫走，被褐色披針形鱗片。葉二形，疏生，營養葉長，具柄；腐植質收集葉卵圓形，幾乎無柄，初生時綠色，隨後轉為褐色。營養葉之葉柄基部具關節，葉片三角狀披針形，一回羽狀深裂，葉脈網狀，網眼內具游離小脈。孢子囊群圓形，密布在裂片中脈與葉緣之間。

別名　爬岩姜、猴薑、毛薑

產地　中國浙江、湖北、廣東、廣西、四川、雲南、中南半島、泰國、台灣

外形似薑，所以也稱之為「猴薑」。

用途
味苦，性溫，無毒。效用：活血、化淤、消腫、止痛、補腎、強骨。主治：風濕、腰痠、筋骨酸痛、跌打損傷、瘀血、腎虛、耳鳴、牙痛。

收錄：草之九　宋《開寶》	利用部分：根、莖

水龍骨科	石葦屬	*Pyrrosia sheareri* (Baker) Ching

盧山石葦 (本草名：石韋、金星草)

　　中藥裡的石韋，指的是水龍骨科多年生常綠草本蕨類植物石葦（*Pyrrosia lingua* (Thunb.) Farw）、盧山石葦（*Pyrrosia sheareri* (Baker) Ching）、有柄石葦（*Pyrrosia petiolosa* (Christ) Ching）、氈毛石葦（*Pyrrosia drakeana* (Franch.) Ching）、北京石葦（*Pyrrosia davidii* (Gies.) Ching）或西南石葦（*Pyrrosia gralla* (Gies.) Ching）的乾燥葉片。在近代的研究文獻中指出，盧山石葦的全草均含有果糖、葡萄糖、蔗糖、有機酸及酚性化合物等，這些成分對人體有益。此外，它的藥用煎劑對金黃色葡萄球菌、大腸桿菌也都有相當不錯的抑制作用。

特徵　多年生常綠草本蕨類植物。植株高約30至60公分，根莖粗壯，橫走，密生披針形鱗片，鱗片邊緣有睫毛。葉寬披針形，長20至40公分，寬3至5公分，頂端漸尖，基部稍寬，為不等的圓耳形，側脈在兩面略下凹，簇生，堅革質，上面僅沿葉脈有毛或無毛，有細密而不整齊的凹點，下面有分叉、短闊的黃色星狀毛；葉柄粗壯，以關節著生於根莖上。孢子囊群小，在側脈間排列成多行，無蓋。

別名　石葦、金星草、大石葦、光板石葦

產地　中國安徽、江蘇、浙江、福建、廣東、廣西、江西、湖北、貴州、雲南、日本、琉球、越南、台灣

葉寬披針形，頂端漸尖。

植株高約30至60公分

用途
味苦，性寒，無毒。效用：利尿通淋、清肺、止咳、泄熱、消腫、止血。主治：血尿、尿道結石、腎炎、痢疾、肺熱咳嗽。

收錄：草之九　石韋（《本經》中品）、金星草（宋《嘉祐》）	利用部分：葉

海金沙科	海金沙屬	*Lygodium japonicum* (Thunb.) Sw.

海金沙 (本草名：海金沙)

　　李時珍言：「其色黃如細沙也，謂之海者，神異之也。」海金沙的葉子非常特別，可長達數十公尺，算是世界上葉子最長的植物之一。我們看到像是藤蔓的部分，其實是海金沙的葉軸，而其羽狀複葉的先端可以無限延伸發育。此外，海金沙的葉子可以分為「營養部分」和「孢子部分」，前者專供行光合作用，提供植物體營養，後者則產生孢子囊群，為植物傳宗接代。這兩種不同功能的部分長在同一片葉子上，和某些蕨類分別擁有營養葉和孢子葉的情形不同。

特徵　草質藤本，根莖橫走狀。葉軸光滑，蔓性，可無限生長，看起來像是一般藤本植物的莖，長可達數公尺；葉片四回羽狀深裂，但僅見最基部一對小羽片，其餘羽片則維持休眠芽之狀態。孢子葉之裂片邊緣具指狀突起，其上並排兩列孢膜，孢膜口袋形，長在指狀突起的側脈上，每一孢膜有一孢子囊。

別名　吐絲草、羅網藤、鳳尾草、珍中毛 (青草藥名，台語)

產地　印度、澳洲、菲律賓、韓國、日本、中國華東及西南，如：廣東、浙江，以及陝西、河南、甘肅等地。台灣常見於低海拔之森林邊緣。

藥用為其成熟孢子

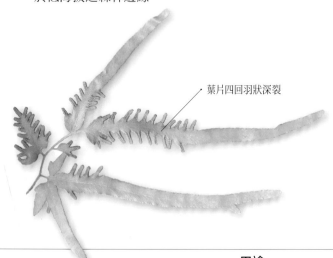

葉片四回羽狀深裂

像是藤蔓的部分，其實是海金沙的葉軸。

用途

味甘，性寒，無毒。能通利小腸，治濕熱腫滿，為小腸、膀胱血分的藥物，熱氣在這兩經的血分皆適使用，如：小便熱淋、膏淋、血淋、石淋、小便痛等，可解熱毒氣。台灣民間盛行以海金沙與麻油調和，外敷治療帶狀泡疹 (台語稱「皮蛇」)。

收錄：草之五　宋《嘉祐》　｜　利用部分：成熟孢子

| 卷柏科 | 卷柏屬 | *Selaginella tamariscina* (P.Beauv.) Spring |

萬年松 (本草名：卷柏)

　　萬年松是非常耐旱的蕨類植物，在環境乾燥缺水時，整棵植株會蜷縮成球狀，外觀像枯死一般，但其實是為了減少水分散失。即使歷經長時間乾旱，它也不會死亡。待下雨或環境濕潤，枝葉會吸收水分重新開展，宛如死而復生，因此卷柏又名「九死還魂草」、「長生不死草」。

特徵　植株高5至15公分，主莖直立，下著鬚根，各枝叢生，密被瓦狀葉，各枝扇狀分枝至2至3回羽狀分枝。葉小，異型，交互排列，側葉披針狀鑽形，基部龍骨狀，先端有長芒，遠軸的一邊全緣，寬膜質，近軸的一邊膜質緣極狹，有微鋸齒；中葉兩行，卵圓披針形，先端有長芒，斜向，左右兩側不等，邊緣有微鋸齒，中脈在葉上面下陷。孢子囊穗生於枝頂，四棱形，孢子葉三角形，先端有長芒，邊緣有寬的膜質，大小孢子排列不規則。

別名　九死還魂草、返魂草、萬歲、長生不死草、豹足、岩松

產地　中國遼寧、河北、陝西、山東、江蘇、浙江、江西、福建、廣東、印度、菲律賓、日本、台灣

各枝叢生，密被瓦狀葉

萬年松是非常耐旱的蕨類植物。

用途
味辛，性溫，無毒。效用：清熱、利尿、活血、消腫。主治：脫肛、月經不順、急性傳染性肝炎、腰部挫傷、水腫、血小板缺少、膽囊炎、鼻咽癌、食道癌、胃癌、子宮癌、腸出血、痔瘡出血、血尿。 附註：孕婦忌服。

| 收錄：草之十　《本經》上品 | 利用部分：全草 |

杉科	杉木屬	*Cunninghamia lanceolata* (Lamb.) Hook.

杉木 (本草名：杉)

　　杉木為裸子常綠喬木，生長迅速，多生長在500至1800公尺的山上，高聳入雲，可達40公尺。杉的木材紋理直、材質清軟、結構細緻且不易裂開，又耐腐蝕，為優良用材，常用於建築、農具、橋樑、家具、棺材、船艦、板材，也是造紙的優良原料。

特徵　樹幹直徑可達3公尺，樹冠常為尖塔或圓錐形，樹皮鱗狀，褐色，大樹枝平展，小樹枝近輪生。葉線狀披針形。毬果近球形或圓卵形，長2.5至5公分，直徑3至5公分。每種鱗具3枚扁平種子，兩側有窄翅，子葉兩枚，種子十月下旬成熟。

別名　沙木、沙樹、刺杉

產地　中國秦嶺、淮河以南地區、越南及寮國

葉線狀披針形

雄毬果近球形或圓卵形

樹幹直徑可達3公尺。

用途

味辛，性微溫，溫腎壯陽，殺蟲解毒，寧心，止咳。主遺精、陽痿、白癜風、乳癰、心悸、咳嗽。

收錄：木之一　《別錄》下品	利用部分：木材、莖皮、葉

| 柏科 | 側柏屬 | *Platycladus orientalis* (L.) Franco |

側柏 (本草名：柏)

側柏是常見的園藝栽種裸子植物，也是造林樹種，因木材質地良好，可供建築、家具之用。古人把蒼松翠柏視為昌盛的象徵，許多寺廟都有栽種，因此古寺中常可見到高大的側柏。側柏的種子、根及葉、樹皮均可入藥，種子還可榨油，供製皂、食用或藥用。

特徵　側柏為常綠裸子植物，體積較小，喜陽光，耐寒耐旱，生長緩慢，但樹齡很長。樹皮紅褐色，針葉扁平，鱗狀，交互對生，兩面皆綠色，長度約2至4公分。毬果單生枝頂，成卵形，初時藍綠色，被白粉，熟時紅褐色或褐色的種鱗厚。種子2枚，長橢圓體形，褐色，稍有棱脊，無翅，長度4至6公分。

別名　香柏、香柯樹、扁柏、扁檜

產地　原產於中國西北部、韓國和俄羅斯遠東地區。也歸化於歐洲、北美、東非和一些亞洲國家（如日本、印度和伊朗）。

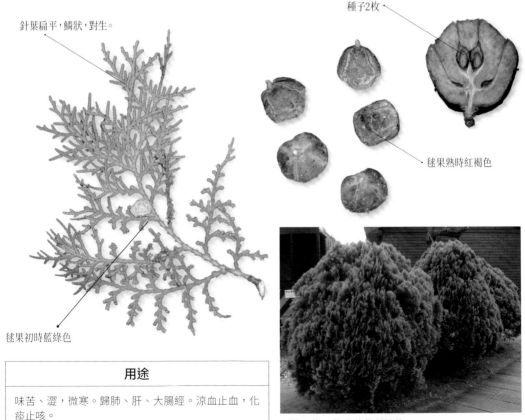

種子2枚

針葉扁平，鱗狀，對生。

毬果熟時紅褐色

毬果初時藍綠色

用途
味苦、澀，微寒。歸肺、肝、大腸經。涼血止血，化痰止咳。

側柏是常見的園藝栽種植物。

收錄：木之一　《本經》上品　｜　利用部分：葉、莖、種子、樹皮

銀杏科	銀杏屬	*Ginkgo biloba* L.

銀杏 (本草名：銀杏)

　　「銀杏門」植物，早在兩億七千萬年前就已出現在地球上。直到現在，「銀杏」是銀杏門中唯一尚存活於地球上的植物，因此被列為「活化石」或「孑遺植物」。銀杏的生長速度極為緩慢，壽命也非常長。在中國有人便就此開玩笑說，這種樹由公公種下之後，一直得等到孫子長大了，才能採收成熟果實，所以又稱為「公孫樹」。

特徵　植株高可達40公尺，樹皮淡灰色，老時有縱直深裂；雌雄異株，雄株長枝斜上伸展，雌株長枝開展並稍下垂。樹冠廣圓形，葉互生或簇生，葉片呈扇形或倒三角形，葉緣為不整齊小缺刻，基部楔形，葉脈二叉分出；葉柄長3至7公分，於長枝上互生或散生，於短枝上則3至7枚簇生。花單性，雌雄異株，雄花呈下垂葇黃花序，球花生於短枝葉腋，無花被；雄蕊多數，雄蕊花絲短，雌花具長梗。種子核果狀，球形，直徑約2公分，成熟金黃色帶白粉，肉質，內種皮白色，光滑堅硬有稜，內藏胚乳。種子俗稱白果。

別名　白果、白果梅、鴨掌樹、蒲扇
產地　原生於中國東部地區，現廣泛種植於全世界。

果實俗稱白果

葉片呈扇形或
倒三角形

葉脈二叉分出

植株高可達40公尺

用途

味甘、苦、澀，性平，有小毒。效用：益氣。主治：解酒、面皰、黑斑、疥癬、咳嗽痰喘、失聲、頻尿、小便白濁、蛀牙、氣喘、支氣管炎。

楊梅科	楊梅屬	*Myrica rubra* (Lour.) Siebold & Zucc.

楊梅 (本草名：楊梅)

　　楊梅果實除了可鮮食，還可以加工製成罐頭、果醬、蜜餞、果汁、果乾、水果酒等，營養價值和經濟價值都很高。雖然楊梅在台灣較不多見，但在中國南方卻是常見的水果。楊梅除了果實可供食用，其枝幹生長的態勢優美、葉片顏色濃綠，也常充當綠化的植栽，深受人們喜愛。

特徵　植株高可達15公尺，樹皮灰色，小枝光滑近於無毛。葉革質，倒卵狀披針形或倒卵狀長橢圓形，全緣，背面密生金黃色腺體。花單性異株，雄花花序穗狀，單生或數條叢生於葉腋，長約1至2公分，小苞片半圓形，雄蕊4至6枚；雌花花序單生於葉腋，長5至15公釐，密生覆瓦狀苞片，每苞片有1雌花，每雌花有小苞片4枚，子房卵形。核果球形，直徑約10至15公釐，整體呈小疣狀突起，熟時呈深紅色。

別名　杭子、機子、珠紅、龍睛、樹莓
產地　中國南方、台灣、日本、韓國及菲律賓

葉輪生

葉革質，倒卵狀披針形。

核果球形，熟時呈深紅色。

用途

味酸、甘，性溫，無毒。效用：生津、止煩渴、下氣、解毒。主治：嘔吐、腳氣、牙痛、惡瘡、疥癬、燒燙傷、下痢、頭痛、吐血、血崩、痔瘡出血、跌打損傷、骨折、胃及十二指腸潰瘍、腸炎、痢疾、食慾不振。

植株高可達15公尺

收錄：果之二　宋《開寶》	利用部分：果實、種仁、樹皮、根皮

| 胡桃科 | 化香樹屬 | *Platycarya strobilacea* Siebold & Zucc. |

化香樹 (本草名：槐香)

　　化香樹與台灣黃杉、台灣胡桃，都為冰河時期遺留的孑遺物種。化香樹適合生長於向陽山坡，多分布於低海拔山丘的次生林，冬天時會落葉，植株只剩種子與枝條，頗方便辨識。樹齡較大的化香樹，其木材曬乾後燃燒會釋放香氣。其果序及樹皮內富含單寧，可作天然染料。

特徵　為落葉喬木或灌木，幼枝外表具有棕色絨毛，在其成長後枝條上的幼毛便會脫落。葉序呈奇數羽狀複葉互生，小葉無柄且邊緣有重鋸齒；葉背的脈腋有少許細毛。單性或兩性花，具穗狀花序，夏季開花，雌雄同株。堅果黃褐色，集合而成為鱗狀果，成熟約於秋季，果序呈毬果狀，果實直立枝端經久不落。

別名　花木香、放香樹

產地　中國、韓國、日本及台灣

小葉無柄

邊緣有重鋸齒

化香樹適合生長於向陽山坡

用途

味苦，性寒，有毒。葉片、果序和樹皮可外用，煎水洗或以嫩葉搓患處，具有活絡血氣的功用，也可止癢。將化香樹製成熏煙可具驅蚊蠅之效。

　　利用部分：葉片、果序、樹皮

楊柳科	柳屬	*Salix babylonica* L.

垂柳 (本草名：柳)

　　「有心栽花花不開，無心插柳柳成蔭」，這句俗語道出了垂柳的特性。柳容易阡插，在冬末春初時，選擇成熟但新芽尚未發出的枝幹阡插，較易存活。此外，柳樹容易成蔭，因此種在庭園內，待植株長大後即可遮蔭。由於垂柳特別喜歡湖邊潮濕的土壤，因此在中國的國畫景色裡，若有湖泊或池塘時總有垂柳相伴。

特徵　植株高5至15公尺，莖具有縱溝，樹皮深灰色、具分枝，枝條柔軟所以常垂下，因此有垂柳之名。單葉互生，葉形細長，為針形，葉緣具細鋸齒，具明顯葉柄。四至五月開花，柳樹的雄、雌花不同株，腋生，葇荑花序，雄蕊葇荑花序較長，雌蕊葇荑花序較短，為黃綠色。蒴果為綠褐色。

別名　柳、垂楊柳、清明柳

產地　歐洲、亞洲、美洲以及中國的長江流域、黃河流域

單葉互生，葉形細長

植株高5至15公尺

用途
味苦，寒。清熱解毒、祛風利濕。

收錄：木之二　《本經》下品　　　　利用部分：根皮、莖、葉、種子

樺木科	榛屬	*Corylus heterophylla* Fisch. *ex* Trautv.

榛樹 (本草名：榛)

　　榛樹的種仁稱為「榛子」或「榛果」，和扁桃、核桃、腰果並稱為「四大堅果」。其中，榛子是四大堅果中的「堅果之王」。榛子營養豐富，富含對人體有益的不飽和脂肪酸、蛋白質、碳水化合物、維生素、礦物質等營養素，對於心血管疾病患者及用腦過度的人來說，具有良好的保健功效。

堅果1至6個簇生，果苞葉狀鐘形。

特徵　植株可高達7公尺，小枝有短柔毛和腺毛。葉互生，呈闊卵型或倒卵形，頂端漸尖或平截，有時淺裂，基部心形或圓形，邊緣呈不規則鋸齒狀；表面近光滑，背面有短柔毛，側脈約3至7對。花單性，雌雄同株，雄花呈葇黃花序，圓柱形，每苞有副苞2，苞有細毛，先端尖，呈鮮紫褐色；雄蕊8枚，花藥呈黃色；雌花2至6枚簇生枝端，開花時包在鱗芽內，僅花柱外露，花柱2枚，呈紅色。堅果1至6個簇生，果苞葉狀鐘形，外面密生短柔毛和刺毛狀腺體，上部裂片有齒牙，堅果扁球形，直徑約1至2公分。

別名　平榛、榛栗、山板栗、尖栗、種子

產地　中國吉林、河北、山西、遼寧、陝西、黑龍江及西伯利亞地區、日本、韓國、土耳其、義大利、西班牙。

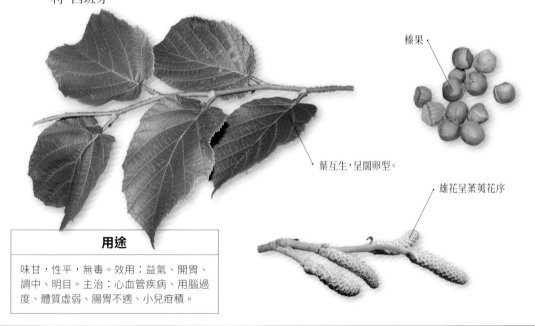

榛果

葉互生，呈闊卵型。

雄花呈葇黃花序

用途

味甘，性平，無毒。效用：益氣、開胃、調中、明目。主治：心血管疾病、用腦過度、體質虛弱、腸胃不適、小兒疳積。

收錄：果之二　宋《開寶》	利用部分：種仁

| 殼斗科 | 栗屬 | *Castanea mollissima* Blume |

板栗 (本草名：栗)

　　板栗的果實「栗子」屬於堅果類食物，但不像核桃、榛子、杏仁等其他堅果含有大量脂肪。栗子有豐富的不飽和脂肪酸和維生素、礦物質、澱粉、蛋白質、脂肪，不但營養豐富，還可預防多種老年及慢性疾病，堪稱抗衰老的天然健康食物。在中國人心目中，栗子也屬於高級乾果類食品，被譽為「乾果之王」。

特徵　植株高約15至20公尺，樹皮暗灰色，具不規則深裂，枝條灰褐色，有縱溝，樹皮上有許多黃灰色的圓形皮孔。單葉互生，葉柄長0.5至2公分，被細絨毛，葉片呈長橢圓形或長橢圓披針形，先端漸尖或短尖，基部圓形或寬楔形，葉緣鋸齒狀，齒端具芒狀尖頭，上表面深綠色，有光澤，下表面淡綠色，有白色絨毛。花單性，雌雄同株，雄花花序穗狀，生於新枝下部的葉腋，被絨毛，淡黃褐色；雄花著生於花序上、中部，每簇具花3至5朵，雄蕊8至10枚；雌花無梗，生於雄花序下部，2至5朵生於總苞內，子房下位，花柱5至9枚。堅果直徑約1至3公分，深褐色，頂端被絨毛。

別名　山栗、茅栗、石栗
產地　喜馬拉雅山至日本

雄花花序穗狀

單葉互生，長橢圓形。

齒端具芒狀尖頭

殼斗密布針刺，具保護堅果作用。

用途

果實：味甘、鹹，性溫，微毒。效用：益氣、滋陰補腎、止瀉。主治：骨折、瘀血腫痛、腎虛腰痛、腹瀉、消化不良、疝氣、百日咳、吐血、便血。

附註：脾胃虛弱，消化不良者不宜多食。

| 收錄：果之一《別錄》上品 | 利用部分：種仁、種內皮、栗殼、殼斗、花、樹皮、根 |

殼斗科	櫟屬	*Quercus acutissima* Garruth.

麻櫟 (本草名：橡實)

　　麻櫟普遍見於山裡，木質堅硬但非良材，因此適合當作木炭原料。從前，在乾旱收成不好時，人們會採果實充當米飯，或搗碎取其粉末為食；倘若農作收成良好，則以橡實餵養豬隻。

特徵　樹形為展開寬形，高度約15公尺，葉為長圓形，有大量葉脈終止於細長的尖齒處；葉面為綠色帶有光澤，葉背顏色較淡，兩面光滑。樹皮灰褐色，有深裂縫。花單性、雌雄同株、雄花黃綠色，呈下垂的柔荑花序，雌花不明顯，四、五月開花。果實為圓形槲果，長2至5公分，果實的蒂如斗，包著半截的果實。槲果外有細長鱗片寬鬆包裹。

別名　柞樹

產地　喜馬拉雅山至日本

葉緣具齒如剛毛

株高約15公尺

用途
樹皮、葉：味苦、澀，微溫；果實：味澀、溫、無毒。主治：樹皮、葉、根皮：收斂，止痢，用於久瀉痢疾；果：解毒消腫、亦可用來止痢。 附註：木材可以用來培養食用菇類，殼斗則可染布和染黑頭髮。

收錄：果之二　《唐本草》　　　　　　　利用部分：果實、殼斗、樹皮、根皮、葉

殼斗科	櫟屬	*Quercus dentata* Thunb. *ex* Murray

槲樹 (本草名：槲實)

　　槲樹屬於落葉型的殼斗科植物。它的果實——槲實為一年型果實，春天開花結實後，經歷夏季的成長，在進入秋季後，堅果體積快速變大，到了秋冬季節才成熟、變色、掉落。假如種子成熟時，短期內無法在適當環境下進行貯藏，發芽率將會大大降低。因此，槲樹會以樹幹基部產生大量的萌芽條，作為主要更新方式，以延續族群生命。早年台灣的槲樹常被當作薪柴使用，目前台灣是槲樹全球分布的最南端，屬於最稀有的原生殼斗科植物。

特徵　樹高可超過 15 公尺，樹皮粗糙且有深溝，呈暗灰色。單葉互生，呈波浪狀，是辨識重點，葉叢生在枝條的頂端。雌雄同株異花，花萼7至8裂片，內有雄蕊8枚；雌花花萼具淺裂片8枚，先端銳尖，柱頭3枚。果實鱗片分離成整齊的覆瓦狀排列。

別名　柞櫟、波羅櫟、大葉櫟、金雞樹、槲櫟

產地　台灣、韓國、日本、中國

果實

葉叢生枝條頂端，呈波浪狀

樹皮粗糙且有深溝

用途
葉：味甘、苦、性平、無毒；根：味苦；種子：味甘、苦、性平、無毒；樹皮：苦、澀、無毒。主治：果仁可以整腸止痢；葉子可以治療痔瘡、止血與血痢、活血、利小便，亦可除去臉上紅斑；樹皮：收斂、止痢。

收錄：果之二　《唐本草》	利用部分：果仁、葉、樹皮

榆科	榆屬	*Ulmus parvifolia* Jacq.

櫸榆 (本草名：櫸榆)

　　櫸榆是金門縣少數的原生植物，但因用途廣，多被砍伐。櫸榆的樹枝纖細，枝葉稀疏，適合作為園景樹木。其木材優良，呈紅褐色，可以用作建築、家具，甚至是車輛之用。此外，根皮可用來製造線香。

特徵　株高可達15公尺，樹幹外皮呈灰紅褐色，皮孔明顯、樹皮會剝落。單葉互生，革質，葉橢圓形、卵形或倒卵形。秋季開花，暗紅色花簇生於新生枝條上。十一月結果，綠色，翅果橢圓形，種子位於翅果的中央。

別名　紅雞油、紅雞榆、小葉榆

產地　中國、韓國、日本、印度、越南及台灣

葉橢圓形

單葉互生，革質。

株高可達15公尺

用途
根或樹皮：味甘、寒。效用：根或樹皮：利水消腫；嫩葉：搗敷腫毒。

收錄：木之二　《拾遺》	利用部分：莖皮

桑科	桂木屬	*Artocarpus heterophyllus* Lam.

波羅蜜 (本草名：波羅蜜)

　　波羅蜜為常綠喬木，具有觀賞價值，常作為校園植栽。其果實可食，當果皮由青綠轉黃，稍壓尾端變軟時，即可採收。採收後，將果實放置一段時間再剖開食用，更添美味。果實鮮美可口，香味強烈，果肉、果仁皆可食。

特徵　樹高約20公尺，葉為長橢圓形、互生，全緣，主脈白色。春夏之間開花，花很小，為單性花。果實夏季成熟，布滿六角狀突起，剖開厚皮，可見多數黃白色嫩滑香甜的囊狀果肉。樹齡小的波羅蜜其果實小，結於樹頭，隨著樹齡增加，果實越結越下方，也愈來愈大。果實長可達60公分，重可達50斤，有公果、母果之分。

別名　波羅密樹、優珠曇、將軍木、樹波蘿

產地　原產印度

葉長橢圓形、互生，全緣。

果實夏季成熟，布滿六角狀突起。

用途
果肉味甘、酸，性平、無毒。種子味甘、性平、無毒。瓤、核可藥用，有解熱止痢、醒酒益氣的功效，可治傷瘡、淤血、創傷、毒蛇咬傷、收斂及養顏。
附註：市售波羅蜜常有不熟，催熟的方法即是取筷子朝果柄附近插入，再放在日光下即可催熟。由於果實汁液具黏性，用刀剖開之前，最好戴上手套，並先在刀以及手套上抹一層油，避免汁液沾黏，清洗不易。

桑科	構樹屬	*Broussonetia papyrifera* (L.) L'Hér. ex Vent.

構樹（本草名：楮）

　　構樹的用途可從其他別名略知一二，例如鈔票樹，原因是構樹的木材除了可製作宣紙、棉紙，也可作為印鈔票的用紙。構樹又稱「鹿仔樹」，則是因構樹的樹葉可用來餵鹿。而構樹的成熟果實，常被原住民拿來當水果，味道甜美類似草莓，但因易碎，不利於販售。構樹的乳汁可製成糊料，乾燥加工後可製金漆。除此之外，構樹能抗二氧化硫、氟化氫和氯氣等有毒氣體，可在空氣汙染嚴重的工礦區當作綠化樹種。

果實為橘紅色

特徵　植株高可達20公尺，樹皮為灰褐色，具有乳汁，小枝有毛。葉互生，葉型變化大，幼樹的葉呈深缺刻狀分裂，成熟的樹葉呈心狀卵形，密披柔毛。每年三、四月開花，雌雄異株，雄花為長穗狀，綠色；雌花則排列成球狀，成熟時由綠轉紅。雌花夏季則會結果，果實為橘紅色，甜又多汁。

別名　鈔票樹、鹿仔樹、殼樹、楮樹

產地　台灣、中國南部、日本、馬來、太平洋諸島

幼樹的葉呈深缺刻狀分裂

株高可達20公尺。

成熟的樹葉呈心狀卵形

用途
種子：味甘、寒、可補腎、強筋骨，明目，利尿；葉：味甘，涼，熱，涼血，利濕，殺蟲；皮：味甘、平，利尿消腫，祛風濕。用於水腫，筋骨酸痛；外用治神經皮炎及癬症。

收錄：木之三　《別錄》上品	利用部分：莖、葉、果實

| 桑科 | 榕屬 | *Ficus carica* L. |

無花果 (本草名：無花果)

　　無花果是指桑科植物無花果的果實。由於無花果的花生長在肉質的綠色花托內部，由外觀無法見到花，因而常被人們誤認為它不開花而結果，故有「無花果」之稱。有時經書會用「無花果樹裡尋花」來形容一件無意義或不可能的事情、或一件不存在的事物，但事實上無花果是有花的，只是不易發現罷了。其實桑科榕屬這類的植物都有這種特徵，譬如榕樹、菩提樹、愛玉子等，我們把這類的花序稱為隱頭花序，而果實稱為隱頭果。

特徵　株高約10公尺，樹皮光滑、灰色，葉為圓形外廓，長、寬達30公分，具有3至5個深裂；基部為心型，具長葉柄，葉緣和其他桑科植物一樣有鋸齒邊緣，兩面皆粗糙有毛，秋季變為黃色。雌雄花同株，果實內有大量小種子生在花托之內，全部為綠色，果實成熟時轉為紫色或褐色，長成可食的無花果。

別名　映日果、優曇缽、阿駔、底珍樹、蜜果
產地　亞洲西南部、地中海

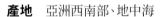

花生長在肉質的綠色花托內部

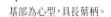

基部為心型，具長葉柄。

果實成熟時轉為紫色或褐色。

用途

無花果味甘，性平，無毒；具有健脾，滋養，潤腸的功效。主治消化不良、不思飲食，陰虛咳嗽、乾咳無痰、咽喉痛等徵狀。根、葉：腸炎，腹瀉；外用治癭腫。

| 收錄：果之三　《食物》 | 利用部分：果、根、葉 |

桑科	榕屬	*Ficus pumila* L.

薜荔（本草名：木蓮）

薜荔的花序是隱頭花序，也就是所有的小花都生長在果實內，因此外表看不到它開花，隱頭果頂端中央有一個小洞讓昆蟲爬入授粉，所以是屬於蟲媒花。薜荔與薜荔小蜂就是因為這樣共同演化而有專一性，薜荔只透過薜荔小蜂來傳粉達到結果的目的，而薜荔也提供蟲癭花作為薜荔小蜂的育嬰室。我們常吃的愛玉子(*Ficus pumila* L. var. *awkeotsang* (Makino) Corner)其實是木蓮的變種，但愛玉子只產於台灣，其他地方是吃不到的，台灣真是寶島啊！

特徵 蔓莖可生長至數公尺，每節都會長出氣根攀附其他植物或牆面。葉片翠綠色卵形或橢圓形，葉端鈍而微凹，基部圓形或心形，有成對的膜質托葉，革質，葉柄短，互生成兩列，葉全緣，側脈5-6對，葉背葉脈的部位密生柔毛。雌雄異株，雌花單獨生長在雌株上，雄花與蟲癭花長在雄株上，隱頭花序。果實單獨或成對長在葉腋，形狀呈倒圓錐狀球形，直徑約4公分，外表有白色斑點，成熟時呈暗紫色，果實含果膠，可做成果凍食用，但果膠含量比愛玉子少。

別名 文頭果、虎木蓮、壁石虎、石壁蓮、涼粉果、饅頭郎、餅泡樹。

產地 中國、台灣

葉卵形或橢圓形

果實長在葉腋，
有白色斑點。

用途
葉：味酸，性平，無毒；果實：味甘、澀，性平，無毒。效用：活血、祛風、除濕、止痛、解毒。主治：遺精、腎腫大、大便下血、脫肛、乳汁不通、疥癬、風濕、跌打損傷、頭痛眩暈。

| 桑科 | 葎草屬 | *Humulus scandens* (Lour.) Merr. |

葎草 (本草名：葎草)

　　葎草除了可當藥用之外，嫩葉的部位也可煮食，它同時也是黃蛺蝶幼蟲的食草。這種植物生長速度很快，在野外常可見到它的蹤影。由於植株上生長著倒鉤刺，很容易割傷皮膚，因此在野外走動時需小心注意。

特徵　長可達4公尺，莖和葉柄密生倒鉤刺，莖為淡綠色，有縱稜。單葉對生，柄長5至20公分，葉近腎狀五角形，掌狀5深裂，少數3或7裂，裂片卵形或卵狀披針形，先端急尖或漸尖，基部心形，邊緣有粗鋸齒，葉兩面有粗糙剛毛，下面有黃色小油點。花為雌雄異株，花序腋生，雄花排成長15至25公分的圓錐花序，花呈淡黃綠色，花被5片，披針形，外側有毛茸及細腺點，雄蕊5枚，花絲呈絲狀，甚短，雌花10餘朵集成近圓形的短穗狀花序，腋生；果穗綠色，類似松球狀，瘦果球形微扁。

別名　苦瓜草、拉拉藤、五爪龍。

產地　中國、日本及台灣

雌花為短穗狀花序

葉掌狀深裂

莖和葉柄密生倒鉤刺。

用途

味甘、苦，性寒，無毒。效用：清熱、解毒、利尿、消腫。主治：瘧疾、痔瘡、風熱咳嗽、鎮靜、疝氣、肺結核潮熱、胃腸炎、小便不利、腎盂腎炎、急性腎炎、膀胱炎、泌尿道結石、癰瘡腫毒、濕疹、毒蛇咬傷、淋病、瘰疾、去瘀血、梅毒、腳腫。

收錄：草之七　《唐本草》　　　　　　　　利用部分：地上部分

桑科	桑屬	*Morus alba* L.

桑(本草名:桑)

　　台灣人對於桑樹的認識大多是從蠶寶寶開始,因桑葉是蠶的食草。至於桑樹所結的果實——桑甚,則是人們熟知的另一點,桑甚可以食用,當作水果、醃漬品、果醬或果汁,酸酸甜甜,討人喜愛。桑的樹皮可作為造紙原料,也能作成繩索利用。另外,桑樹的根部表皮有一層薄薄的白皮,叫「桑白皮」,可當藥使用,對於支氣管炎、氣喘、止咳、動脈硬化、高血壓有療效,是相當寶貴的生藥。

特徵　樹皮灰色,上有不規則淺紋,布滿皮孔。單葉互生,葉面光滑油亮,葉成卵形,鋸齒緣,遇冬季低溫時會明顯落葉,葉落前會由綠轉成金黃色。早春回溫時,花與新葉齊開,雌雄異株,葇荑花序,花被皆4片,雄花雄蕊4枚。椹果長1至2.5公分,卵狀橢圓形,熟時紅色至黑紫色。

別名　荊桑、白桑、家桑、蠶桑

產地　中國中部及北部,其他地區廣泛栽植。

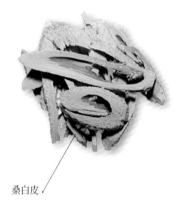

桑白皮

單葉互生,葉面光滑油亮。

桑葉

成熟的桑甚

用途

味苦甘而性寒,入肺肝經,有疏風清熱,涼血止血,清肝明目,潤肺止咳之功。

收錄:木之三　《本經》中品　　利用部分:根皮、莖、葉、果實

| 蕁麻科 | 苧麻屬 | *Boehmeria nivea* (L.) Gaudich. |

苧麻 (本草名：苧麻)

　　苧麻屬*Boehmeria*的屬名是紀念德國植物學家George Rudolph Boehmer，利用其姓氏所締造；種小名*nivea*則為雪白之意，是形容本種葉背為白色。苧麻的嫩芽、葉可當蔬菜食用。而苧麻莖皮纖維是目前世界上最好的製衣原料，在南島語族的原鄉台灣雖然是利用構樹進行研究，但現今島上所有的原住民族在過去及現在皆有利用苧麻製作衣服的紀錄，其纖維細長，強韌，潔白，有光澤，拉力強，耐水濕，富彈力和絕緣性，可製作衣服、漁網、制人造絲、人造棉等，也可與其它天然纖維進行混紡製成高級衣料，其嫩葉亦可提供養蠶，作為飼料。

特徵　多年生草本灌木，高1至2公尺；基部或橫走莖多分生成群，莖直立，為灰綠色，表面密被長剛毛，多分枝，小枝有毛茸。葉互生，具托葉；葉形及大小多變，厚質，卵圓形或圓形，銳尖頭，鈍鋸齒緣，長8至16公分，寬4至11公分，葉先端漸尖形或略尾尖形，葉基楔形、寬楔形至近截形、心形至楔形，上表面翠綠粗糙，下表面灰白色，密生絨毛，主脈三條；葉柄，長3至8公分，密生長剛毛。花單性，雌雄同株異花，排成圓錐花序；雄花序多生於雌花序下方，黃白色，花被4片，雄蕊4枚，具退化雌蕊；雌花簇生成球形，淡綠色，花被管狀，4裂，緊抱子房，花柱1枚，有毛。瘦果球形。

別名　苧仔、天青地白、天青地白草

產地　原產亞洲熱帶地區，中國中南部及西南部地區，日本、菲律賓、馬來西亞、印尼、玻里尼西亞等地。

苧麻為多年生草本灌木狀

苧麻雌花簇生成球狀

苧麻葉背為白色

用途
根、葉氣味甘、寒、無毒。根主治安胎、貼熱丹毒；葉主治金瘡傷折血出、瘀血。

蕁麻科	蕁麻屬	*Urtica thunbergiana* Siebold & Zucc.

蕁麻 (本草名:蕁麻)

　　蕁麻即台灣山區常見的咬人貓,屬有毒植物。全株布滿透明刺針狀的燉毛,一旦碰觸皮膚,燉毛上的蟻酸會立即讓人產生灼熱的疼痛感,症狀通常持續一到二天,可用尿液、肥皂水、阿摩尼亞液 (氨水) 或將姑婆芋的葉片搗碎塗抹於患部,以酸鹼中和的原理減輕症狀。有毒部位:全株各部位之燉毛。

特徵　高約70至120公分;莖直立,疏分枝,莖與枝上均散生燉毛。葉對生,有長柄,葉上有3至5條主脈,形狀呈廣卵形或卵形,前端尖,基部心形,葉薄如紙質,邊緣有雙重鋸齒。托葉4枚,廣卵形;夏秋季開花,雌雄同株,穗狀花序腋出或頂生。雄花位於花序下部,綠白色,花被4裂,雄蕊4枚;雌花位於花序上部,花被亦作4裂,裂片不等大;瘦果扁卵形。

別名　咬人貓、咬人蕁麻、刺草

產地　遍布中國川黔兩地;台灣,分布全島低至中海拔山區,常成群生長於潮濕森林下。

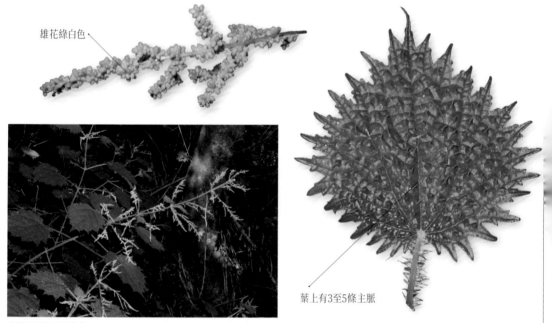

雄花綠白色

葉上有3至5條主脈

高約70至120公分

用途
味苦、辛,性寒、大毒。有活血、祛風濕、解痙及止痛等功效,主治蕁麻疹。將葉搗成汁液,可敷治蛇咬傷,嫩葉煮熟後可食用,老莖皮則可採取纖維供紡織用,歐洲人用以治療糖尿病。

收錄:草之六　宋《圖經》　　　　　　　　　利用部分:全草

| 蓼科 | 蓼屬 | *Polygonum chinense* L. |

火炭母草 (本草名：火炭母草)

　　由於本種植物葉的上表面常有黑色斑塊，像是被火炭灼傷一樣，故名「火炭母草」。又因為點點白色小花，遠遠望去像米飯灑落田野間，因此有冷飯藤、清飯藤 (台語) 等別稱。台灣民間習慣用火炭母草的根部 (稱為「秤飯藤頭」) 與雞肉或豬瘦肉合燉，供青春期孩子食用，有促進生長發育的效果，為「轉骨」妙方。此外，火炭母草成熟的果實除了可生吃，還可與米粒共煮，煮出來的米飯氣味清香甘甜，顏色黑白交錯，能引起小朋友吃飯的興致。

特徵　多年生蔓莖草本，莖多分枝，下部常木質化，節處膨大。葉卵形至長橢圓形，上表面具白色、黑色或褐色斑紋，葉鞘管狀抱莖。繖房花序頂生，約3至8朵花密集生長，花白色或粉紅色，花被片5枚，於開花後變為藍黑色肉質狀，四季開花。瘦果三稜形，成熟時黑色。

別名　冷飯藤、清飯藤、秤飯藤、土川七

產地　中國江西、福建、廣東、廣西、四川、貴州，以及印尼、菲律賓、日本，台灣則常見於全島低、中海拔地區。

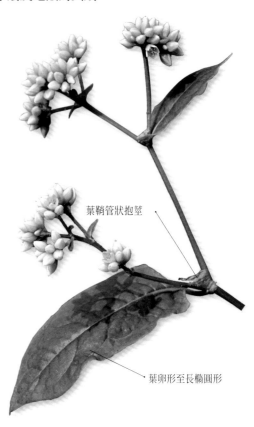

葉鞘管狀抱莖

葉卵形至長橢圓形

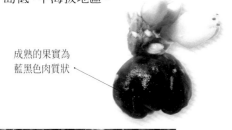

成熟的果實為
藍黑色肉質狀

火炭母草為「轉骨」妙方。

用途
味酸，性平，有毒。可去皮膚風熱，流注骨節，治癰腫疼痛。搗爛和鹽、酒炒後敷腫痛處，每日更換。根有消炎、通經之效。治腰疫背痛、跌打損傷、癰腫、小兒發育不良、月經不調。葉治皮膚病，敷癰腫。全草可清熱利濕，涼血解毒，能治痢疾、泄瀉、風熱咽痛、虛弱頭昏、婦女白帶、黃疸、癰腫濕瘡、跌打損傷、小兒夏季熱、驚搐等。

| 收錄：草之五　宋《圖經》 | 利用部分：根、嫩莖葉 |

蓼科	蓼屬	*Reynoutria japonica* Houtt.

虎杖 (本草名：虎杖)

多年生本草植物，因其莖顏色如虎，粗長有節且為中空，如手杖一樣，故名「虎杖」。虎杖除了根莖可入藥，也具有觀賞價值，還可食用，嫩葉充當蔬菜，根可製作冷飲，清涼解渴。虎杖含蓼甙、有機酸、葡萄糖甙、多糖類等成分，具有清熱解毒、健胃、利尿等作用。

植株高可達2公尺

特徵 植株高可達2公尺，莖多分枝，常呈紅色，節膨大。葉卵形至橢圓形，全緣或葉緣呈深波狀起伏。圓錐花序腋生，花3至4朵密集生長，花白色或粉紅色，花被片5枚，在開花後變為乾膜質，形成三翼狀。蒴果三稜形，成熟時棕色，具宿存之翼狀花被。

別名 黃藥子、苦杖、大蟲杖、斑杖、紅三七

產地 分布亞洲東部之溫帶及亞熱帶地區，中國西北、華東、華中、華南及西南各地，如：江蘇、江西、山東、四川、河南、湖北、福建、雲南，台灣則見於海拔2,000至3,800公尺山區，多生長於路邊或森林邊緣等日照充足處。

圓錐花序腋生

▲葉形變異大，葉卵形至長橢圓形。

用途

味微苦，性平，無毒。通利月經，破瘀血腫塊。治大熱煩躁，止渴，利小便，祛一切熱毒。治產後血暈，惡血不下，心腹脹滿，排膿。可治瘡癤癰毒、跌打損傷瘀血，祛風毒結氣。治風在骨節間及血瘀，煮酒服之；燒灰，貼於惡瘡；焙研煉蜜為丸，陳米飲服，治痔瘡下血；研末以酒服，治產後子宮大量出血，及墜撲昏悶亦有效。

收錄：草之五 《別錄》中品 | 利用部分：根莖、根

| 蓼科 | 酸模屬 | *Rumex japonicus* Houtt. |

羊蹄 (本草名：羊蹄)

　　羊蹄喜歡濕潤的環境，屬於水草類植物。它的嫩葉和種子都可以食用，從前鄉下農家飼養家禽、家畜會在野地大量割取羊蹄餵養牲畜。

特徵　植株高0.5至1公尺，莖直立有淺縱溝，不分枝或分枝較短。根粗大，黃棕色。葉片薄紙質，披針形至長圓形，基生葉心形，長16至22公分，寬1.5至4公分，基部楔形，莖生葉向上漸小，先端急尖，基部圓形，邊緣波狀皺摺，兩面無毛；托葉鞘筒狀，膜質，邊緣破碎。葉腋生黃色或淡綠色小花，花多朵成束，並由多數稠密的花束組成總狀花序，複排為窄長的圓錐花序，花序上雜生葉，花兩性，花被6裂，二輪，內面3片在結果時增大呈卵圓形；頂端鈍，基部心形或截平，有網狀脈紋，邊緣有不整齊的齒牙，每裂片的背部有一長圓狀小瘤狀突起，雄蕊6枚，柱頭3枚。瘦果橢圓形表面光滑，有3稜，棕色。

別名　敗毒菜、牛舌菜、野菠菜

產地　中國陝西、四川、貴州、甘肅、青海、江蘇、江西、湖北、湖南、西藏及台灣

葉腋生黃色或淡綠色小花

邊緣波狀皺摺

株高0.5至1公尺。

用途

根：味苦，性寒，無毒；葉：味甘，性寒，無毒；果實：味苦、澀，性平，無毒。效用：清熱、通便、利水、涼血、止血、殺蟲、止癢。主治：大便燥結、黃疸、便血、痔血、便秘、疥癬、癰瘡腫毒、跌打損傷、小兒疳積。

收錄：草之八　《本經》下品

利用部分：根、葉、果實

| 馬齒莧科 | 馬齒莧屬 | *Portulaca oleracea* L. |

馬齒莧 (本草名：馬齒莧)

馬齒莧因葉片形狀如馬的牙齒而得名。在台灣低海拔的鄉間地區，時常可見馬齒莧的蹤影。早期台灣農民會採集路邊的馬齒莧餵養豬隻，由於馬齒莧富含營養而且豬隻愛吃，老一輩台灣人稱它「豬母乳」。早年，馬齒莧也是台灣很重要的野菜。

株高約25至35公分。

特徵 植株形態可分為直立型、半匍匐型及匍匐型三種。全株無毛，植株高約25至35公分，莖呈淡綠、綠、淡紅至暗紅、紅紫色。葉互生或近對生，葉片肉質，具光澤，葉柄極短；葉腋生腋芽二枝，呈長倒卵形、長方形或湯匙形，長10至25公釐，寬5至15公釐，近基部者較粗大，枝梗亦較粗。花冠甚小，黃色，兩性，簇生於頂端約5至6朵，花瓣5片，長2至4公釐，雄蕊12枚，雌蕊1枚，柱頭1枚，先端5裂。蒴果呈半帽形。種子細小，扁圓形，呈黑色。

別名 寶釧菜、豬母乳、馬莧菜、馬齒菜
產地 印度、中國及台灣

花冠甚小，黃色。

葉片肉質，葉柄極短。

用途

味酸，性寒，無毒。效用：清熱、解毒、涼血、止血、除濕。主治：婦人赤白帶、反胃、濕癬、痢疾、腹痛、腸道寄生蟲、散瘀消腫、腳氣浮腫、肛門腫痛、疔瘡腫毒、燙傷、蟲蛇咬傷、壞血病。

收錄：菜之二　《蜀本草》 | 利用部分：地上部、種子

落葵科	落葵屬	*Basella alba* L.

落葵 (本草名：落葵)

　　落葵自古以來就是中國人經常食用的蔬菜。它的嫩莖葉富含黏液，用來煮湯或大火快炒，口感滑嫩美味。其成熟的漿果呈黑紫色，裡面含有紫紅色汁液，是天然色素。因此，古代中國婦女會使用落葵的汁液當作化妝品，塗抹於臉上。

特徵　全株肉質，光滑無毛。莖可長達3至4公尺，分枝明顯，呈綠色或淡紫色。單葉，互生，葉柄長1至3公分，葉片寬卵形、心形至長橢圓形，長2至19公分，寬2至16公分；先端急尖，基部心形或圓形，全緣，葉脈下面微凹，上面稍凸。穗狀花序腋生或頂生，長2至23公分，單一或有分枝，小苞片2片，呈萼狀，長圓形，長約5公釐，宿存；萼片5枚，淡紫色或淡紅色，下部白色，無花瓣；雄蕊5枚，生於萼管口，與萼片對生，花絲在蕾中直立；花柱3枚，基部合生，柱頭具多數小顆粒突起。果實呈卵形或球形，長5至6公釐，黑紫色，具汁液，為宿存肉質小苞片和萼片所包裹。種子近球形。

別名　皇宮菜、胭脂菜、蟳公菜

產地　熱帶亞洲及非洲，其他熱帶地區歸化或種植。

穗狀花序腋生

葉片寬卵形或心形

全株肉質，光滑無毛。莖可長達3至4公尺。

用途
味酸，性寒、滑，無毒。效用：清熱、解毒、滑中、利尿、通便。主治：便祕、闌尾炎、痢疾、膀胱炎、關節腫痛、皮膚濕疹。

收錄：菜之二　《別錄》下品	利用部分：葉、種子

藜科	菠菜屬	*Spinacia oleracea* L.

菠菜 (本草名：菠薐)

　　菠菜最早約在二千多年前由波斯人栽培，因而「波斯菜」之稱。菠菜營養豐富，富含維他命A、維他命C及鐵質，其中維他命A和C是所有葉菜類蔬菜中含量最高，故有「蔬菜之王」的美稱。不過，菠菜的草酸含量也很高，而草酸容易與鈣質結合，形成「草酸鈣」，會造成體內結石或影響人體對鈣質的吸收。因此，食用菠菜時，要盡量避免搭配鈣質較多的食物，以確保健康。

特徵　全體光滑，無毛。幼根帶紅色。戟形葉互生，基部葉和莖下部葉較大，長約20公分，寬約5至10公分，莖上部葉逐漸變小，花序上的葉為披針形，具長柄。花單性，雌雄異株，雄花排列成穗狀花序，頂生或腋生；花被4片，呈黃綠色，雄蕊4枚；雌花簇生於葉腋，花被壇狀，花柱4枚，線形。胞果，質硬，有2角刺。每胞果含1顆種子，果殼堅硬、革質。

別名　菠薐菜、波斯菜、角菜

產地　源自西南亞，全球栽植。

戟形葉互生

菠菜營養豐富，有「蔬菜之王」的美稱。

用途
味甘、滑，性冷，無毒。效用：解毒、潤燥、滑腸、清熱、生津、止渴、養血、止血。主治：便祕、痔瘡、便血、高血壓、夜盲症、糖尿病、跌打損傷、缺鐵性貧血、痛風、皮膚病。 附註：脾虛泄瀉不宜多食。

收錄：菜之二　宋《嘉祐》	利用部分：葉、根

莧科	牛膝屬	*Achyranthes bidentata* Blume

牛膝 (本草名:牛膝)

　　牛膝得名於一則故事。相傳有一位郎中採藥行醫多年,到老仍是光棍一條,於是收了幾個徒弟,傳授醫術給他們。由於身為醫者最重要是仁心,老郎中為了瞭解徒弟們的品德心性,便對他們逐一試探。沒想到大部分弟子都愛財而無救人的善念,唯有小徒弟有仁心,因此便將一身真本事傳授給小徒弟。老郎中臨死前,拿出一種草藥給小徒弟,說其可以補肝腎、強筋骨。小徒弟見其莖上有稜節,很像牛的膝骨,便稱之為「牛膝」。

特徵　高40至100公分,莖近方形,被密毛。葉對生,長橢圓形,全緣。穗狀花序頂生或腋生,花為兩性花,花被片通常5枚。果實為胞果,是一種果皮薄、內含單一粒種子的小果實,形狀為圓筒狀,與花萼及小苞片一起脫落。

別名　牛莖、百倍、山莧菜、對節菜

產地　分布於熱帶亞洲、琉球群島,中國見於河南、四川、雲南、貴州等地。台灣則分布在全島低海拔的森林邊緣及路邊。

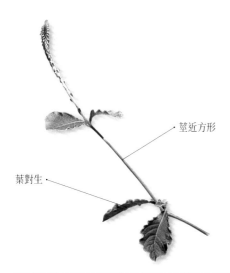

・莖近方形

葉對生・

株高40至100公分

用途

根:味苦、酸、性平,無毒。主治寒濕引起的四肢無力、麻木,以及陣發寒戰、高熱、小便澀痛及各種瘡、四肢痙攣、膝部疼痛不能彎屈伸展等。驅逐氣滯血瘀,治火熱燒傷之潰爛感染及痛風之紅腫等症,另可用於落死胎。久服可減肥、抗衰老。另可治療脾胃受損氣短、男子陽萎、老年人尿失禁,補中氣不足,益精氣,利陰氣,填充骨髓,治頭髮發白,除頭痛及腰脊骨痛,並治女子月經不通、瘀血症,改善產後心腹疼痛及大出血。莖、葉主治寒濕痿痹、久瘧、小便淋澀、各種瘡腫。

附註:牛膝引血下行,在脾虛泄瀉、夢遺滑精、女子月經過多及懷孕期間均不可用。

收錄:草之五　《本經》上品	利用部分:全草

莧科	莧屬	*Amaranthus tricolor* L.

莧 (本草名：莧)

　　莧有很多品種，粗略可分為：菜用莧、飼用莧、觀賞莧。其中，我們常吃的菜用莧又可分為紅莧、白(青)莧兩大品種。莧的營養成分極高，在蔬菜裡，莧的鐵質和鈣質堪稱數一數二。此外，莧不容易感染病蟲害，因此沒有農藥殘留的疑慮。對於生長中的兒童、青少年以及孕婦，莧是非常好的營養補充來源。

特徵　莖直立，主莖肥大，分枝較少，全體無毛，莖枝綠色，植株高約30公分。葉互生，葉片菱狀廣卵形或三角狀廣卵形；鈍頭或微凹，基部廣楔形，葉有綠色、紅色、暗紫色或帶紫斑等，依品種不同，葉片顏色也不同。花序在下部者呈球形，上部呈稍斷續的穗狀花序，花黃綠色，單性，雌雄同株；苞片卵形，先端芒狀，膜質，萼片3，披針形，先端芒狀；雄花有雄蕊3枚，雌花有雌蕊1枚，柱頭3裂。胞果橢圓形，萼片宿存，成熟時呈環狀開裂，上半部呈蓋狀脫落。種子黑褐色，近於扁圓形，兩面凸，平滑有光澤。

別名　莧菜、赤莧、荇菜、刺莧

產地　中國河北、山西、陝西、內蒙古、黑龍江、遼寧、吉林、山東、江蘇、雲南及台灣

葉先端微凹

葉互生，菱狀廣卵形。

株高約30公分

用途

地上部：味甘，性冷利，無毒；果實：味甘，性寒，無毒。效用：補氣、清熱、利濕、利大小腸。主治：青光眼、蛔蟲、痢疾、牙痛、跌打損傷、白帶、蛇傷。

附註：脾弱便溏者慎服。

收錄：菜之二　　《本經》上品	利用部分：地上部、果實

莧科	青葙屬	*Celosia argentea* L.

青葙 (本草名:青葙子)

　　青葙的屬名Celosia 是從希臘文的Kelos轉化而來,為「燃燒」之意。青葙的種子稱為「青葙子」,煎服後,具有清肝明目的功效。此外,莖葉還可治邪氣、皮膚搔癢。除了入藥,青葙的嫩葉能食用,在荒野時充當解飢的野菜。青葙的外觀特色,除了花形,其綠中略帶紫紅的莖葉堪稱一絕。

特徵　莖直立,圓柱狀,高40至80公分;單葉互生,披針形或卵形,全緣。穗狀花序頂生,花兩性,白色、粉紅色或紫色,花被片5枚,花期六至九月。果實為胞果,是一種果皮薄,內含單一粒種子的小果實,形狀為球形。

別名　草蒿、崑崙草、野雞冠;種子名:草決明。

產地　分布於非洲及亞洲之亞熱帶地區,中國秦嶺以南各省,台灣則分布於全島低海拔之開闊地或荒廢地。

株高40至80公分

穗狀花序頂生

葉互生,披針形或卵形,全緣。

用途

莖葉:味苦,性微寒,無毒。治邪氣,皮膚中熱、搔癢異常,可殺三蟲。治惡瘡、疥蟲、痔蝕、下部陰瘡。搗汁服用,可療溫癘,止金瘡出血。子:味苦,性微寒,無毒。主治唇口發青、五臟邪氣,益腦髓,鎮肝,明耳目,堅筋骨,去風寒濕痺,治肝臟熱毒沖眼、赤障青盲翳腫、惡瘡疥瘡。又以青葙子汁灌入鼻中,可治鼻血不止。

收錄:草之四 《本經》下品	利用部分:莖葉、成熟種子

莧科	青葙屬	*Celosia cristata* L.

雞冠花 (本草名：雞冠)

　　雞冠的名稱由來，除了外形，還有一則傳說。雲南大理山有個蜈蚣嶺，上頭住著蜈蚣精，經常變成美女迷惑年輕人，趁其不備將人吸血致死。蜈蚣嶺山腳下住著一對母子，兒子很孝順，把母親養的雞照顧得極好。一日，兒子在山路邊遇見一位哭泣的姑娘，說自己父母雙亡、無家可歸，善良的兒子便將姑娘帶回家。不料夜深人靜，姑娘突然變成了一條三尺長的大蜈蚣，眼看就要對兒子一口咬下！這時，公雞群圍攏過來，和蜈蚣大鬥，兩敗俱傷。後來在埋葬公雞的地方，長出了和雞冠一樣的花，稱為「雞冠花」。

特徵　一年生草本植物，高20至120公分，莖直立，光滑無毛，上部扁平。單葉互生，葉卵形至長橢圓形，通常有一大紅點。穗狀花序頂生，形如雞冠，紅、紫、橙、黃、白各色，花期四至十二月。胞果卵形。

別名　雞冠草、老來紅、鳳尾雞冠、不凋花

產地　原產印度，在隋唐時期傳入中國；台灣為引進栽培種，常見於庭院、校園。

穗狀花序頂生，
形如雞冠。

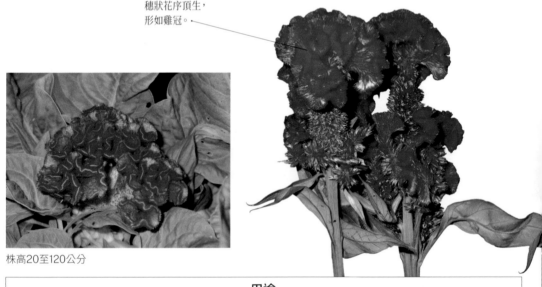

株高20至120公分

用途

苗、葉：味甘，性涼，無毒。主治痔瘡及血病。子：味甘，性涼，無毒。止腸風瀉血、赤白痢，治崩中帶下。花：味甘，性涼，無毒。主治痔瘡出血。紅雞冠花可治非經期陰道出血、紅帶、紅色下痢；白雞冠花則治脫肛、產後血痛、白帶、白色下痢。平常將雞冠花子加枸杞子與少許菊花和決明子煮茶喝，可以預防結膜炎及近視，對於多淚、眼茫也有療效。此外，雞冠花的花及種子對陰道滴蟲有很好的療效，以水煎後，浸擦陰道。

收錄：草之四　宋《嘉祐》	利用部分：花序

| 木蘭科 | 木蘭屬 | *Magnolia liliiflora* Desr. |

木蘭 (本草名：木蘭)

　　木蘭是中國特有植物，在中國物種紅色名錄中，已將它評為易危物種。木蘭因不易移植和養護，因此異常珍貴，其花香味芬芳，常用來作為精油，或用在肥皂中增添香味。

特徵　植株高3至5公尺，樹皮呈灰褐色，具有明顯皮孔。葉互生，呈倒卵形，葉形全緣，葉面有光澤，葉背有柔毛。花期為3至5月，頂生單花、像筆頭一樣直立生於粗壯、被毛的花梗上，花色有白色、白紅色、紫紅色、直徑約4至5公分、長度約8至10公分，具芬芳香味。當花快落時葉子即長出來。果期八至十月，蓇葖果頂端圓形，許多果實聚合成圓筒形。

別名　紫玉蘭、辛夷、木筆、望春
產地　中國

株高3至5公尺

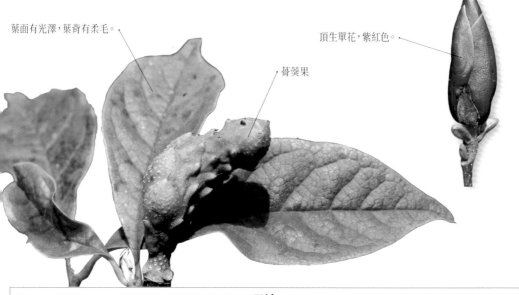

葉面有光澤，葉背有柔毛。

蓇葖果

頂生單花，紫紅色。

用途
性溫，味辛。主治散風寒、通鼻塞、用於風寒頭痛、鼻塞、流鼻涕等。

| 收錄：木之一　《本經》上品 | 利用部分：莖皮、花 |

樟科	樟屬	*Cinnamomum camphora* (L.) J.Presl

樟樹 (本草名：樟)

　　樟樹是台灣相當常見的行道樹，樹幹挺拔，植株高大，四季長青，是綠化城市的優美樹種。樟具有特殊的香氣，其樹材可以提煉樟腦油，防止蚊蟲傷害。此外，樟木也是很好的木材，適合用來製作家具。

株高可達30公尺，樹皮具深縱裂。

特徵　樟樹為高大常綠喬木，高可達30公尺，樹皮具深縱裂是其代表特徵，樹冠呈圓形。葉子單葉互生，葉片形狀為卵形或橢圓形，邊全緣，葉子要枯萎掉落前，會先轉變成紅色。開花期二至四月，花的排列順序為圓錐花序，腋生，花形小，具6瓣花瓣，花朵顏色為黃綠色。核果球形，成熟時為紫黑色。

別名　本樟、栳樟、烏樟、芳樟

產地　原產於台灣、中國南方、日本、琉球、印度

核果球形

圓錐花序，腋生。

花形小，具6瓣花瓣。

用途

味辛、溫、無毒。內服開竅避穢，外用除濕殺蟲，消腫止痛。

　　利用部分：木材、樹皮、葉、果實

樟科	樟屬	*Cinnamomum cassia* (L.) D.Don

肉桂 (本草名：箘桂、牡桂、木桂)

　　肉桂是常綠喬木，喜歡生長在溫暖濕潤環境，高達10公尺以上。肉桂味道強烈，常用來入菜、製作甜點或製作精油，亦充當化妝品香料。現代人喜好的咖啡卡布其諾，也總是飄著肉桂香味。

特徵　樹皮成灰褐色，樹皮厚，具強烈味道，即為利用部位。葉互生，葉形長橢圓形，頂端尖形，革質。花期初夏，五至六月，花為二至三月，漿果卵圓形，具1枚種子，成熟時為紫黑色。

別名　桂皮、玉桂、牡桂

產地　中國、台灣、越南、寮國、印尼

花白色，圓錐花序頂生或腋生

葉互生，長橢圓形。

現代人常用的肉桂即是肉桂樹樹皮

用途
味辛、甘，熱。歸脾、腎、心、肝經。補火助陽，散寒止痛，溫經通脈。

收錄：木之一　《本經》上品	利用部分：莖皮

樟科	樟屬	*Cinnamomum tenuifolium* Sugim. f. *nervosum* (Meisn.) H.Hara

天竺桂 (本草名：天竺桂)

　　天竺桂為常綠喬木，喜歡生長在溫暖潮濕的氣候，樹皮呈褐色，具有香味。目前台灣已將天竺桂列為嚴重瀕臨絕滅等級，僅分布於蘭嶼。

特徵　枝光滑。葉近對生或互生，葉形為長橢圓形，前端銳尖，基部鈍，下表面初粉白色，而後綠色，光滑。花朵為黃色6瓣花。果橢圓形，成熟時為紫色。

別名　天竹桂、山肉桂、野桂、普陀樟

產地　華南、日本、韓國、琉球，在台灣僅見於蘭嶼。

有明顯主脈三條

果橢圓形，成熟時為紫色。

常綠喬木，葉近對生或互生。

用途

味甘、辛，溫。溫中散寒，理氣止痛。用於胃痛，腹痛，風濕關節痛；外用治跌打損傷。

收錄：木之一　《海藥》	利用部分：莖皮

樟科	釣樟屬	*Lindera aggregata* (Sims) Kosterm.

天臺烏藥 (本草名：烏藥)

　　中藥裡的烏藥是取自天臺烏藥植株中的根。一年四季皆可摘取，取塊根趁新鮮切片後，曬乾即可直接使用。烏藥能刺激消化液分泌，其揮發油可促進血液循環，外用塗抹則能緩和肌肉疼痛痙攣。

特徵　常綠灌木或是小喬木，高約4至5公尺，具紡錘狀塊根，略彎曲，有些會收縮成連珠狀，表面黃棕色或黃褐色。樹皮灰綠色，大枝褐色，有突起的皮孔，小枝光滑。葉互生，革質，橢圓形，全緣，葉面綠色有光澤，葉背則為灰白色具光滑毛。繖形花序，腋生，花期三至四月，小花梗長1.5至3公厘，被毛，簇生多數小花；花瓣6片。具核果，核果近球形，剛開始為綠色，漸漸成熟會轉為紅色，再轉為黑色，果期十至十一月。

別名　矮樟、香桂樟、白葉柴
產地　中國長江以南、越南、菲律賓及台灣中部。

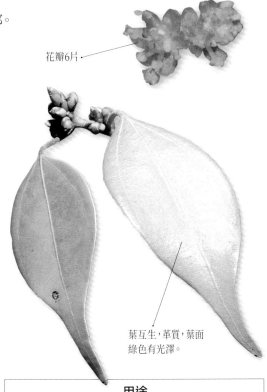

花瓣6片

葉背灰白色
具光滑毛

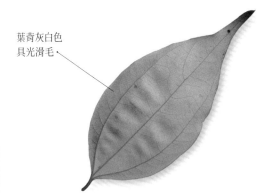

葉互生，革質，葉面
綠色有光澤。

株高約4至5公尺

用途

味辛，溫。歸肺、脾、腎、膀胱經。主治順氣止痛，溫腎散寒。用於胸腹脹痛、氣逆喘急、膀胱虛冷、疝氣、痛經。

收錄：木之一　宋《開寶》	利用部分：根

樟科	月桂屬	*Laurus nobilis* L.

月桂 (本草名：月桂)

　　希臘神話中，月桂代表「阿波羅的榮耀」，神話中的詩人桂冠，就是以月桂編織而成。此外，月桂的葉子常用在西方餐點或泰式料理。月桂葉可除去肉類的雜味，在紅醬義大利麵中添加幾片，便能提升風味。至於泰國菜則常在燉煮、熬湯時加入月桂葉。除此之外，於米桶中放幾片月桂葉，也可防止米蟲侵入。

特徵　月桂為常綠喬木，樹皮光黃，高可達9至12公尺，樹皮黑色。葉互生，革質，長橢圓形或披針形，略具波浪狀。花期四月，繖形花序腋生，花朵很小，顏色為黃色或淡綠色，雌雄異株。果實為橢圓形，呈暗紫色。

別名　桂冠樹、甜月桂、月桂冠

產地　原產地中海，現在世界各地均有栽種。

革質，長橢圓形。

株可達9至12公尺

用途

味辛，微溫，健胃理氣。主脘脹腹痛、跌撲損傷、疥癬。

| 毛茛科 | 鐵線蓮屬 | *Clematis chinensis* Osbeck |

威靈仙 (本草名：威靈仙)

　　中藥裡的威靈仙是指：威靈仙（*Clematis chinensis* Osbeck）、棉團鐵線蓮或稱山蓼（*Clematis hexapetala* Pall.），以及東北鐵線蓮或稱黑薇（*Clematis terniflora* DC. var. *mandshurica* (Rupr.) Ohwi）的根及根莖。傳說古時中國江南有一座威靈寺，寺中老和尚常用這種草藥幫人治風濕病和骨梗咽喉。由於它像仙草一樣極具療效，於是人們稱之為「威靈仙」。

特徵　莖具縱溝，近無毛或疏生絨毛，幼時披黃褐色絨毛，乾燥後變黑。三出複葉或羽狀複葉，紙質，小葉7至15枚，卵形或卵狀披針形，葉尖銳形突尖，葉基鈍形、楔形或心形，葉緣全緣，雙面近無毛，或正面被疏絨毛，基出3至5脈，於正面平坦或下凹，背面隆起，具捲曲性葉柄，具小葉柄。複聚繖花序，腋生或頂生，花梗被絨毛，三叉分枝，苞片橢圓形或長橢圓披針形，正面略披絨毛，背面密被絨毛，花白色，平開展，萼片4枚，橢圓形或長橢圓形，尖端銳形突尖，基部楔形，外面密被長絨毛，內面光滑無毛，雄蕊無毛，花藥2室，線形，側面縱裂，花絲線形，扁平，雄蕊多數，被長絹毛。瘦果圓形或寬橢圓形，雙面不突出，黑褐色，被淺黃色絨毛，宿存花柱延長，披膚色鬚狀毛。

別名　鐵腳威靈仙、百條根、老虎鬚、鐵掃帚

產地　威靈仙 (中國南方、台灣、越南、日本琉球群島)
　　　　棉團鐵線蓮 (中國華北、東北、蒙古、西伯利亞東部)
　　　　東北鐵線蓮 (中國東北、蒙古、西伯利亞東部)

三出複葉

花白色

藥用部位為其根或根莖

威靈仙為藤本攀緣性植物

用途
味苦，性溫，無毒。效用：祛風、除濕、通絡、止痛、利尿。主治：痛風、腰膝冷痛、肢體麻痺、魚骨鯁喉、扁桃腺炎、破傷風、腳氣。

毛茛科	毛茛屬	*Ranunculus japonicus* Thunb.

毛茛 (本草名：毛茛)

　　新鮮的毛茛全草含有原白頭翁素(protoanemonin)及其二聚物白頭翁素(anemonin)。原白頭翁素是一種揮發性的刺激成分，辛辣味十分強烈，與皮膚接觸會引起炎癢及水泡，內服則導致劇烈胃腸炎和中毒癥狀，嚴重的可能會抽搐死亡。不過，原白頭翁素含抗組織胺，具有滅菌作用，能抑制鉤端螺旋體、鏈球菌、大腸桿菌、白色念珠菌等病菌。毛茛的全草乾燥之後，原白頭翁素會轉變為無刺激性的結晶性白頭翁素，毒性會消失。

特徵　莖直立、中空，高約30至100公分，分枝多，根呈卵球形；莖和葉柄布有柔毛。葉兩形，上表面疏被毛，下表面疏或密被毛；葉形多變，三出複葉或單葉三裂，葉柄長15公分以上，葉片基部心形，3深裂，中央裂片寬菱形或倒卵形，5淺裂，疏生鋸齒；莖生葉無葉柄，葉片較小。花集成聚繖花序；心皮與花托光滑，四至五月開花，花序有數朵花，花直徑達2公分；萼片5片，淡綠色，船狀橢圓形外有柔毛；花瓣5瓣，黃色，倒卵形，基部蜜槽有鱗片。聚合果長橢圓或球形，有15至30個瘦果；瘦果橢圓狀圓形至倒卵狀圓形，扁平呈鳥嘴狀，聚生於長橢圓或球形的花托上。全株有毒，花尤毒。

別名　大本山芹菜、爛肺草、水芹菜

產地　台灣、中國各省西藏除外；韓國、日本、蘇聯遠東地區。

花5瓣，有毒。

株高約30至100公分

單葉三裂

用途
味辛微苦，性溫、有毒。效用：全草及根：利濕、退翳、消腫、定喘、截瘧、鎮痛；可治瘧疾、黃疸、哮喘、偏頭痛、胃痛、風濕、關節痛、牙痛、跌打損傷、癰腫。果實效用：祛寒，止血。 附註：一般不作內服，皮膚有傷口及過敏者禁用，孕婦慎用。

收錄：草之六　《拾遺》	利用部分：全草、根及果實

| 小檗科 | 八角蓮屬 | *Dysosma pleiantha* (Hance) Woodson |

八角蓮 (本草名：鬼臼)

多生長在山谷和林下陰濕之地，屬於有毒植物，因其根和根莖含有鬼臼毒素、去氫鬼臼毒素。鬼臼雖主治祛痰散結，解毒祛瘀，但《本草經疏》有言：凡病屬陽，陽盛熱極及煩惑、失魂妄見者不可用。此外，孕婦也不可食用。

株高20至40公分。

特徵　多年生草本植物，地下根莖橫走，地上莖直立，高20至40公分，不分枝。多具有2枚葉，葉盾狀，具4至8角或淺裂，邊緣細鋸齒狀，有緣毛。花5至8朵簇生於兩枚葉之葉腋，下垂，萼片紫紅色，花瓣狀，花瓣黃褐色，花期四至五月。漿果橢圓形。

別名　鬼藥、山荷葉、八角盤

產地　中國長江流域各省，及廣西、四川、貴州、雲南；台灣分布於北部、中部海拔700至2,500公尺山區。

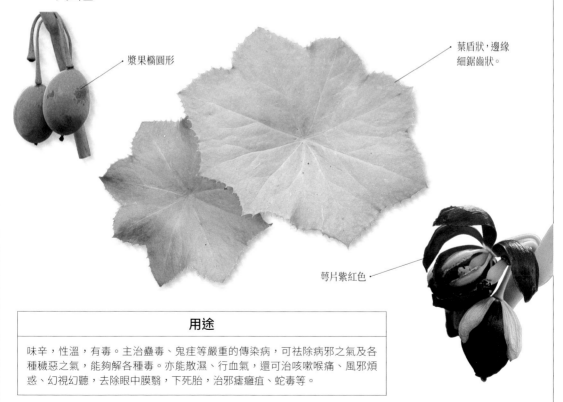

漿果橢圓形

葉盾狀，邊緣細鋸齒狀。

萼片紫紅色

用途

味辛，性溫，有毒。主治蠱毒、鬼疰等嚴重的傳染病，可祛除病邪之氣及各種穢惡之氣，能夠解各種毒。亦能散濕、行血氣，還可治咳嗽喉痛、風邪煩惑、幻視幻聽，去除眼中膜翳，下死胎，治邪瘧癥疽、蛇毒等。

收錄：草之六　《本經》下品　　　　　　　　　　利用部分：根莖

蓮科	蓮屬	*Nelumbo nucifera* Gaertn.

蓮 (本草名:蓮藕)

　　蓮藕為蓮的根狀莖。臺南的白河鎮是台灣最出名的蓮產地,「夏採蓮子冬採藕」是此處的寫照。有些人會利用蓮葉包裹食物,使食物帶有一股特別的清香。蓮花開花深受環境影響,高溫乾旱、土壤肥沃、種藕肥大時,開花較多;低溫水深、土壤貧瘠、種藕瘦小時,開花較少。

蓮藕分節,常可以分為4至5節。

特徵　葉蠟質、高出水面、葉柄長;蓮葉呈圓盤形,邊緣平滑無缺,綠色,葉片頂生於葉柄上,葉脈自葉臍向葉緣放射狀分布;葉脈內有氣孔,空氣進入氣孔,匯集葉臍處,再透過葉柄與地下莖進行氣體交換。蓮藕分節,常可以分為4至5節。花芬芳,黎明開放,傍晚閉合;花單生,兩性,白或淡紅色。花謝後即為蓮蓬,有一花一葉片的稱呼,每個葉片旁邊都會開一朵花,花期約3天。

葉蠟質、高出水面。

別名　荷花、藕百合
產地　中國、台灣、東南亞、非洲、澳洲

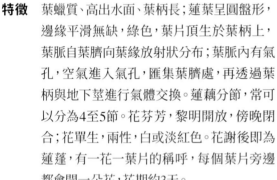

蓮子

花謝後即為蓮蓬

蓮葉呈圓盤形

用途

味甘,性溫,無毒,有皮膚美白、清心寧神、補虛益損、止血、降血壓、利耳目等功效。

收錄:果之六　《本經》上品　　利用部分:種子、根莖、根莖節、種胚、花絲、花、蓮蓬、葉

| 睡蓮科 | 芡屬 | *Euryale ferox* Salisb. |

芡（本草名：芡實）

　　芡為一年生的水生植物，大小類似可以乘坐小孩的霸王蓮，直徑可達130公分。芡實與山藥、蓮子、茯苓都是四神湯的材料。此外，料理用的勾芡，原本指的是芡實的芡，後來也指其他主成分為澱粉的替代品，如太白粉、地瓜粉、藕粉、玉米澱粉等。

特徵　全株多刺，根莖短，具鬚根。葉呈圓形浮於水面，具光澤，下面暗紫色，葉脈隆起。花單生於花梗頂端，伸出水面，為紫紅色。漿果呈雞頭狀，肉質狀假種皮，顏色為暗紫紅色，密被尖刺。芡實為其果實，呈球形，直徑約1公分左右，黑色果皮，胚乳白色粉質，供食用及藥用。花期6至9月，果期7至10月。

別名　芡實、雞嘴蓮、土芡實
產地　亞洲、印度北部、喀什米爾、台灣

花單生於花梗頂端，紫紅色。

芡實

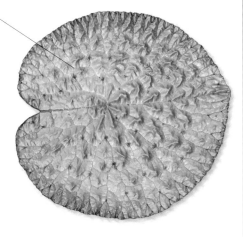

葉脈隆起

葉呈圓形浮於水面。

用途

性平，味甘、澀。主治益腎、固精，補脾、止瀉，袪濕、止帶。用於夢遺、滑精、遺尿、尿頻、脾虛久瀉、白濁、帶下。

| 收錄：果之六　《本經》上品 | 利用部分：果實、種子、莖、根 |

蓴科	蓴屬	*Brasenia schreberi* J.F.Gmel.

蓴 (本草名：蓴)

　　蓴菜是杭州西湖的傳統名菜，古名「蒓菜」。相傳晉人張翰曾遠離故鄉在外為官，由於思念家鄉的蒓菜和鱸魚，寧可放棄洛陽的高官厚祿，辭官回鄉。也因此，成語借用了「蒓羹鱸膾」與「蒓鱸之思」，以表達思鄉之情。用蓴菜烹調而成的西湖蓴菜羹，營養味美，是清朝乾隆皇帝巡視江南的必點佳餚。

特徵　根為鬚根，簇生於莖節兩側，嫩根白色，老根紫黑色。莖分為地下匍匐莖和水中莖，地下匍匐莖黃白色，長短不一；莖各葉腋分別抽生水中莖，水中莖基部又抽生新的水中莖，以此類推；各級水中莖呈綠色，密生茸毛，莖節突出，節可抽生分枝，莖長隨水的深淺而變化，長可達1公尺以上。葉橢圓形全緣，綠色，葉面光滑，葉背絳紅色或淺綠色，具透明膠質；水中莖上的葉片互生，葉脈呈放射狀。花為兩性，花直徑15至22公釐，萼片、花瓣各3片離生，雄蕊多數，離生，雌蕊6至10枚，離生。果實革質，具有宿存萼，成熟後呈卵形，頂生有宿存的花柱。種子紅褐色，橢圓形。

別名　水葵、馬蹄草、豬蒓

產地　中國江蘇、浙江、江西、湖南、湖北、四川、雲南及台灣

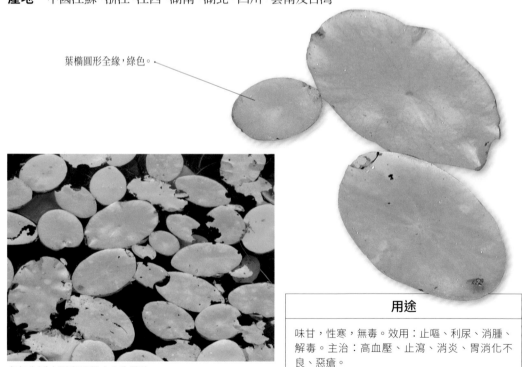

葉橢圓形全緣，綠色。

多年生浮水型宿根草本水生植物。

用途

味甘，性寒，無毒。效用：止嘔、利尿、消腫、解毒。主治：高血壓、止瀉、消炎、胃消化不良、惡瘡。

收錄：草之八　《別錄》下品	利用部分：：莖、葉、果實

三白草科	蕺菜屬	*Houttuynia cordata* Thunb.

蕺菜 (本草名：蕺)

　　蕺菜的新鮮莖葉搓揉之後，會產生一股魚腥臭味，所以俗稱「魚腥草」。魚腥草在幾年前的SARS風暴火紅一時，眾所皆知，原因在於它有抗菌作用。不僅如此，魚腥草對於增強免疫力也有裨益，若在病毒肆虐期間正確使用，能有效幫助身體對抗病毒。

特徵　植株高約60公分，莖下部伏地，節上輪生小根；莖上部直立，扁圓形、皺縮且彎曲，長約20至30公分，表面紅棕色，具縱稜，節明顯，質脆。葉互生，薄紙質，有腺點，葉柄長1至4公分，托葉膜質，條形，下部與葉柄合生為葉鞘，基部擴大，略抱莖；葉片卵形或闊卵形，先端短漸尖，基部心形，全緣；葉上表面綠色，下表面呈紫紅色，兩面葉脈上被柔毛。穗狀花序頂生，與葉對生，總苞片4枚，長圓形或倒卵形，白色；花小而密集，無花被；雄蕊3枚，花絲長度為花藥的3倍，下部與子房合生；雌蕊1枚，由3枚心皮組成，子房上位，花柱3枚，分離。蒴果卵圓形，頂端開裂，具宿存花柱。球形蒴果，細小，頂端開裂，內含種子數量極多。

別名　臭腥草、魚腥草、九節蓮、肺形草

產地　中國江蘇、浙江、安徽、江西、湖南、湖北、四川、廣西、福建、貴州及台灣

株高約60公分

總苞片4枚，白色。

葉互生，薄紙質。

用途

味辛，性微寒，小毒。效用：清熱、利濕、消腫、解毒、抗菌、消炎。主治：痔瘡脫肛、背瘡（疔瘡）腫痛、牙痛、蟲蛇咬傷、水腫。

收錄：菜之二　《別錄》下品	利用部分：葉

三白草科	三白草屬	*Saururus chinensis* (Lour.) Baill.

三白草 (本草名：三白草)

　　三白草之名的由來，是因為在開花時期，花序下方的2至3枚葉片常呈白色，有如花瓣。此外，又因其葉形似莙葉（蒟醬的葉），故有「水莙葉」、「水莙草」之稱。三白草形態十分優美，可做為水澤池塘邊的造景，唯三白草具有強烈的腥味，聞之不甚討人喜悅。實際上，它與魚腥草都是台灣常見的三白草科植物。

特徵　多年生草本植物，具匍匐的根莖，地上莖直立，高可達1公尺。葉互生，卵形或卵狀長橢圓形，全緣，基部心形而有耳，有明顯的5至7條主脈，最中間的2至3條脈呈黃白色，葉柄基部鞘狀。總狀花序腋生，花小而排列密集，白色，無花被。漿果近於球形。

別名　白水雞、塘邊藕、過塘蓮、水莙葉

產地　韓國、日本、菲律賓、越南、印度，中國見於河北、山西、陝西及長江流域以南各地區，如江蘇、安徽、江西等地，台灣則分布於北部濕地或池塘邊。

花小密集，白色。

葉有明顯的5至7條主脈

株高可達1公尺

用途

味甘、辛，性寒，有小毒。主治水腫、腳氣、利大小便，消痰破癖，除積聚，消疔腫。搗絞汁服，令人吐逆，可除瘧及胸膈熱痰、小兒痞滿。根可療腳氣、風毒、脛腫；搗酒服，亦甚有效。又可煎湯，洗癬瘡。也可用於淋瀝澀痛、白帶、尿路感染、腎炎水腫。

收錄：草之五　《唐本草》	利用部分：全草、根莖

胡椒科	胡椒屬	*Piper betle* L.

荖葉 (本草名：蒟醬)

　　搭配檳榔的荖葉、荖花即是「蒟醬」。蒟醬別稱「扶留」，是出自晉代左思《吳都賦》：「東風扶留，布濩皋澤」，晉代劉淵林註：「扶留，藤也。緣木而生，味辛可食。食檳榔者斷破之，長寸許，以含石賁灰與檳榔並咀之。」由此可見，早在西元266至420年的晉代，就有吃檳榔配荖葉與石灰的習慣。

常綠攀緣性木質藤本。

特徵　常綠攀緣性木質藤本，莖光滑無毛，節上常生根，藉以攀爬。葉互生，紙質或半革質，具7條主脈，長橢圓狀卵形、卵形或圓卵形，葉基心形或歪圓形，下表面有稀疏之微毛。穗狀花序肉質而略下垂，花單性，無花被，花期四至六月。漿果肉質，黃綠色，互相連合成一長柱狀果穗。

別名　荖葉、荖花、蔞藤、扶留藤

產地　馬來半島至印度、中國東南及西南各省，如海南島。台灣見於南部低海拔森林。

穗狀花序肉質

葉互生，具7條主脈。

用途

味辛，性溫，無毒。可下氣溫中、破痰積。治咳逆上氣、心腹冷痛、胃弱虛瀉、霍亂嘔吐等，能解酒、散結氣、助消化。解瘴癘，去胸中惡邪氣，能溫脾燥熱。攝唾涎，暖腎，固精縮尿。

收錄：草之三　《唐本草》　　利用部分：莖、葉、果穗

胡椒科	胡椒屬	*Piper nigrum* L.

胡椒 (本草名：胡椒)

　　胡椒為辛香料，常見的胡椒有黑、白兩種，具去腥提味效果。西餐多採用黑胡椒，中餐則以白胡椒為主。這兩種胡椒為同一種，因採收期和處理方式而有差異。黑胡椒是在胡椒果實初長大但未成熟，外表顏色剛剛轉紅時採收下來，連同外皮一起曝曬3至4天，即轉為黑色果實。白胡椒則是在果實生長成熟後，外皮完全轉為紅色時採收，先去皮再曬乾，表面為灰白色，因此稱為「白胡椒」。

特徵　多年生藤本植物，植株高可達4公尺；莖粗壯。葉互生、葉脈平行。穗狀花序白色，在枝條上的節處會結出長約四至八公分的穗條，長度約6至12公分，上有花朵30至120朵不等。果實原為綠色，逐漸轉呈紅色。

附註　除了黑、白胡椒外，市面上另有紅胡椒和綠胡椒，皆是同種胡椒，但處理方式不同。

別名　古月、黑川、白川、玉椒

產地　印度南部、斯里蘭卡

葉互生、葉脈平行

磨碎的胡椒

用途

味辛，性熱。歸胃、大腸經。主治：溫中止痛，下氣消痰，胡椒中的胡椒鹼可刺激唾液、胃液分泌，幫助消化、並可殺菌。果實可利尿，對腸胃脹氣、腹絞痛、風濕症、頭痛和腹瀉等症狀有效果。

獼猴桃科	獼猴桃屬	*Actinidia chinensis* Planch.

獼猴桃（本草名：獼猴桃）

獼猴桃因深受獼猴熱愛而得名。獼猴桃又稱「奇異果」，則是因紐西蘭人喜愛，便以紐西蘭國鳥——奇異鳥命名。獼猴桃的果實有所謂「後熟」現象，採下來時硬硬的，放幾天後才會變軟成熟。此時切開果實食用，鮮甜可口。此外，獼猴桃的維生素C含量是水果中最多的。

特徵　獼猴桃是落葉性藤本灌木，蔓莖可長達10公尺以上，幼枝密布細毛，老枝則光滑無毛，可以攀附在樹枝或是棚架上以爭取陽光。新葉呈紅褐色，葉柄互生，葉子呈卵圓形。花期4至6月，花通常3至6朵，一朵朵乳白色花開在葉腋，

獼猴桃是落葉性藤本灌木，蔓莖可長達10公尺以上。

花色會隨著花朵的成熟由乳白色漸漸變為橙黃色，具芳香。漿果卵狀或近球形，果期8至10月，果呈橢圓形，長約10公分，果皮為褐色或是金黃色，上有絨毛。果肉酸酸甜甜，淡綠色，半透明飽含汁液，內含多數細小黑褐色種子。

別名　奇異果、獼猴梨
產地　中國、紐西蘭。

互生，葉卵圓形

果皮上有絨毛

用途
性寒，味甘、酸。解熱，止渴，通淋。用於煩熱、消渴、黃疸、石淋、痔瘡。

收錄：果之五　宋《開寶》	利用部分：果實、藤汁、枝、葉

茶科	山茶屬	*Camellia japonica* L.

山茶 (本草名:山茶)

　　山茶多在冬春轉替時開花,花期長,被列為中國十大名花。山茶以根、花入藥,全年可採其根,春冬季可採花,經曬乾後可煮水飲用。本草綱目記載:「山茶花其葉類茶,又可作飲,故得盡態極妍名。」山茶種子中的油脂含有豐富的不飽和脂肪油,可供心血管病患者食用。

特徵　山茶是枝葉密集而終年常綠的灌木或小喬木。葉型為倒卵至橢圓形,葉片長約5至9公分,葉片寬約2至6公分,沒有托葉;細鋸齒的葉緣,葉表面具厚層的臘質,葉背面的主脈較明顯。山茶花單生於葉腋或枝頂,花瓣經過人工栽培後多為多重瓣,栽培品種有白、淡紅、大紅色等色;花的基部為花瓣與雄蕊相連合生,萼片常為5枚。花絲和子房無毛,花柱頂端3裂。近木質的球形蒴果中種子大,種子內含豐富油脂。

附註　野生種的山茶花只有交錯成一輪的花瓣,白色花絲基部合生外型如圓筒狀。

別名　藪春、山椿、耐冬

產地　山茶原產東亞,現分布於台灣、中國、日本。

▲白花種

葉緣細鋸齒

用途
味辛微苦,性寒,可收斂止血。

茶科	茶屬	*Camellia sinensis* (L.) Kuntze

茶 (本草名：茗)

　　相傳神農時代即已出現。茶依照不同的製作方式可分為生茶、半熟茶和熟茶。生茶即為烘焙程度較少的茶，包括龍井茶、碧螺春、煎茶等綠茶。半熟茶的烘焙程度介於15%至75%之間，如鐵觀音、烏龍、花茶等。熟茶的烘焙程度最徹底，所有紅茶類均屬此類。茶為常見的經濟作物，春、秋季時可採茶樹的嫩葉製茶，種子則可榨油。此外，茶樹材質細密，其木能用於雕刻。

特徵　　為多年生常綠木本植物，樹齡很長，可達上百年，但一般摘植茶樹採葉的經濟樹齡至多60年。植株本身可生長得很高，為了方便摘取葉子，栽植高度保持0.8至1.2公尺之間。茶葉的顏色是深綠色，呈卵圓形，邊緣有鋸齒。茶花則為白色，具芳香味，為五瓣花。茶樹的果實扁圓，呈三角形，果實裂開後露出種子。

產地　　世界各地

葉卵圓形，邊緣有鋸齒。

花五瓣

栽植高度通常保持0.8至1.2公尺之間

用途

葉：味苦、甘，性微寒；子：味苦，性寒。有毒。強心利尿，抗菌消炎，收斂止瀉。葉：用于腸炎、痢疾、小便不利、水腫、嗜睡癥；外用治燒燙傷。根：用於肝炎、心臟病、水腫。

收錄：果之四　《唐本草》	利用部分：葉、果實

金絲桃科	藤黃屬	*Garcinia mangostana* L.

鳳果 (本草名：都念子)

俗稱「山竹」，普遍栽種於東南亞，果肉深受東南亞地區居民喜愛。但因其生長環境需高溫，因此台灣雖有引進，卻尚未栽種成功。此外，鳳果與榴槤被視為「夫妻果」，榴槤譽為「水果之王」，鳳果則是「果后」。

鳳果花為肉質黃色雜有紅色和淡粉色

特徵 可長到7至25公尺高，樹皮為黑褐色，汁液呈黃色。一般需至少5至6年才可結果。葉對生，長8至15公分。葉為常綠厚葉，光澤皮革質感。花直徑2.5至5公分，雄花或兩性花，兩性花生於嫩短枝的前端，1或2朵；萼片及花瓣4枚，為肉質黃色雜有紅色和淡粉色。一朵花中雄蕊數量多，雌蕊一個。果實成熟時呈深紫色，果殼很厚，切開後可看見白色果肉，呈蒜頭般瓣狀，可食用，味道清甜。

別名 山竹、莽吉柿、山竺
產地 東南亞

果實成熟時呈深紫色

白色果肉，呈蒜頭般瓣狀。

葉為常綠厚葉，革質。

用途
味甘、酸，無毒。山竹果肉富含維生素，具有抗燥、解熱的功效，尤其是榴槤的燥熱。主治脾虛腹瀉、口渴口乾、燒傷、燙傷、濕疹、口腔炎。

金絲桃科	胡桐屬	*Calophyllum inophyllum* L.

瓊崖海棠 (本草名：胡桐淚──胡桐之樹脂)

瓊崖海棠對於土壤鹽度有很好的耐受性，且根可往下長到地下水層，吸取地下水。其植株內也能貯存水分以防止乾旱，為優良防風林樹種，可阻擋風沙，綠化環境。木材質地堅硬緻密，能製作家具；種子含油量高，可榨油供染料及機器用。此外，瓊崖海棠的樹脂在土中留存多年後，會形成土黃色的胡桐淚，如果入土時間短則呈現青綠色。

瓊崖海棠為優良防風林樹種。

特徵 樹型為常綠喬木，幼芽和嫩枝上外表有咖啡色的幼毛，年老枝條後轉光滑。葉片的質地為革質，葉序對生，幼樹或嫩枝上的葉偏向呈披針形，中年樹的葉型轉為長橢圓形至倒卵形，葉前端些微略鈍圓，葉長約8至17公分，寬5至10公分，全緣葉；單葉的葉脈中肋明顯凸起，側脈極多細密，接近與中脈垂直的分布。花朵以4束於基部合生，呈圓錐花序，花瓣4枚，萼片4裂。果實為球形核果，直徑長約3公分。

別名 胡桐、瓊崖海棠樹、紅厚殼

產地 非洲、南亞、東南亞、印度洋及太平洋島嶼、澳洲北部、台灣的恆春半島與蘭嶼之海岸附近。

圓錐花序

葉脈中肋明顯凸起

果實為球形核果

用途
味鹹苦，性大寒，無毒。 附註：樹脂入藥可清熱、化痰，但胃不佳或是體質虛寒者不建議服用。

收錄：木之一 《唐本草》	利用部分：樹脂

十字花科	蕓苔屬	*Brassica oleracea* L. var. *capitata* DC.

高麗菜 (本草名：甘藍)

　　高麗菜全草皆可入藥，洗淨後切片曬乾備用。除乾物之外，鮮品也可用。高麗菜不僅作為藥用，也是日常食用的蔬菜，味道甜美，營養豐富。高麗菜喜歡冷涼、陽光充足的環境，冬季到春季是平地高麗菜生長的季節，而且氣候越冷，品質越好；夏季則以高冷地區的高麗菜為主，且價格較高。

高麗菜全草皆可入藥。

特徵　一年生草本植物，高18至35公分，莖短小。葉碩大而層層相包，最後形成球狀、扁球狀或桃子狀等，葉色有黃綠色、墨綠色及帶有紫色等變化。花呈黃色，4枚花瓣呈十字形對生，花期在秋冬季。果實為長角果，是一種開裂型乾果。

別名　藍菜、捲心菜

產地　原產於歐洲，14世紀時引入中國栽培，台灣則在荷蘭人據台時期引入。

葉碩大層層相包，常結成球狀。

莖短小

用途

味甘，性平，無毒。長期食用甘藍，大有益於腎，能補腦髓，利五臟六腑，利關節，通經絡中結氣，去心下脹氣。能明耳目，使人精力旺盛、睡眠減少，益心力，壯筋骨。和鹽食用，可治黃毒。甘藍子：主治人嗜睡。

收錄：草之五　《拾遺》　｜　利用部分：葉、種子

十字花科	蕓薹屬	*Brassica rapa* L.

大頭菜 (本草名：蕪菁)

相傳在三國時期，劉備軍隊在荊州即將斷糧，諸葛孔明急中生智，下令種植大量大頭菜，因大頭菜全株從頭到尾都可食用。後來，劉備部隊也因此解除斷糧危機。從此，大頭菜被稱為「諸葛菜」。大頭菜外型類似白蘿蔔，因此常被誤認。其膨大的球狀莖相當鮮美可口，不僅可以生食，快炒、燉湯或醃漬，各種料理方式都很美味。

株高約30至60公分。

特徵 一或二年生草本植物。植株高約30至60公分，全株光滑無毛，莖短，距地面約1至3公分處膨大為長橢圓形、球形或扁球形的具葉肉質球莖，直徑約5至20公分，呈淡綠色、綠色或紫色，內部白色。葉長20至40公分，卵形或卵狀矩圓形，光滑，被白粉，邊緣有明顯的齒，基部有1至2裂片；花莖上的葉似莖葉，較小，葉柄柔弱。花呈黃白色，排列為長的總狀花序，萼片4枚，花瓣4片，展開如十字形；雄蕊4枚，雌蕊1枚，子房上位，柱頭頭狀。角果長圓柱形，喙短於基部膨大。種子小，球形，直徑約1至2公釐，有極小的窩點。

別名 圓菜頭、結頭菜

產地 中國及台灣

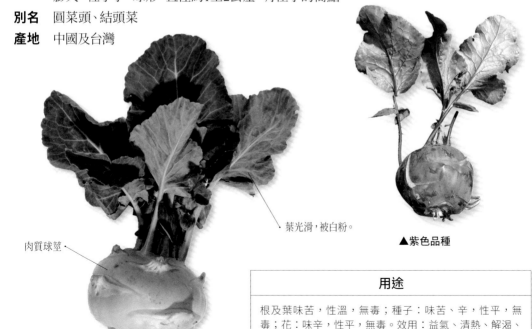

肉質球莖

葉光滑，被白粉。

▲紫色品種

用途
根及葉味苦，性溫，無毒；種子：味苦、辛，性平，無毒；花：味辛，性平，無毒。效用：益氣、清熱、解渴、明目、利尿、解毒。主治：黃疸、疲勞虛弱、腫毒。

收錄：菜之一 《別錄》上品　｜　利用部分：球狀莖、種子、花

十字花科	萊菔屬	*Raphanus sativus* L.

蘿蔔 (本草名：萊菔)

　　「蘿蔔」的中藥名稱即為「萊菔」。中國古代有「萊菔上市，郎中下市」的諺語，意思是說，只要蘿蔔開始在市場上販售了，那麼百姓身體健康，不需要郎中看病。這雖然是誇大之詞，但也表示蘿蔔確實是好物。直到現在，蘿蔔都是日常生活的常見食材。華人地區特有的加工食品，如菜頭粿、菜脯（蘿蔔乾）、醃漬黃蘿蔔等，都是用蘿蔔製成。

特徵　一或二年生草本植物。根肥厚，肉質。莖粗壯，具縱紋及溝，具分枝。根生葉叢生，可長達30公分，疏生粗毛；莖下部葉長12至24公分，頂端裂片最大，先端鈍；兩側裂片4至6對，沿葉軸對生或互生，三角狀卵形，愈向下裂片愈小，先端銳，邊緣鈍齒狀或牙齒狀；莖上部

根生葉叢生，可長達30公分。

的葉漸小，葉片矩圓形，先端短尖，邊緣有淺鋸齒或近於全緣；基部具短柄或無柄。總狀花序生於分枝頂端，萼片4枚，線狀長橢圓形，呈綠色帶淡紫色，花瓣4片，倒卵狀楔形，具長爪，白色、淡紫色或粉紅色，雄蕊4強，雌蕊1枚，子房為細圓柱形。長角果圓柱形，肉質，先端具較長的尖喙。種子呈卵圓形微扁，直徑約3公釐，紅褐色。

別名　菜頭、夢卜
產地　中國、日本、韓國及台灣

根肥厚，肉質。

邊緣鈍齒狀或牙齒狀

用途

根及葉：味辛、甜、苦，性溫，無毒；種子：味甘、辛，性平，無毒。效用：利尿、止渴、清熱、解毒、消腫。主治：小便白濁、腳氣、痢疾、跌打損傷、燒燙傷、鼻血不止、便血、全身浮腫、頭痛、口瘡、便祕、牙痛、止咳化痰。

收錄：菜之一　《唐本草》　　　　　　　　利用部分：根、種子、花

十字花科	葶藶屬	*Rorippa indica* (L.) Hiern

葶藶 (本草名:焊菜)

　　田野上,有葶藶的地方就會見到翩翩飛舞的紋白蝶,因為它的葉子正是紋白蝶及其幼蟲的食物。葶藶因具有辛辣味,故又稱為「山芥菜」,若以水煎煮,可代茶飲用,夏季飲用,消暑且清熱解渴。此外,葶藶搭配肉類或魚及蜜棗煮燙,既美味又可潤肺,堪稱現代人的養生佳餚。

特徵　多年生草本植物,具短根莖,高15至50公分。葉互生,基生葉長橢圓形,呈羽狀深裂或不規則鋸齒緣,莖生葉披針形。總狀花序頂生及腋生,花瓣黃色,匙形,4枚,先端向外平展成十字形。果實為長角果,是一種開裂型的乾果,長約2公分,略微向內彎曲;種子為黃色。

別名　山芥菜、山刈菜、婆婆蒿

產地　中國、日本、馬來西亞及台灣,台灣常見於全島路邊。

花黃色

果實為長角果

株高15至50公分

用途

味辛,性溫,無毒。效用:清熱、解毒、利尿、涼血。主治:感冒風寒、咽喉腫痛、祛痰、止咳、急慢性支氣管炎、高血壓、血尿、急性風濕性關節炎、肝炎、蛇咬傷、跌打損傷。

附註:本品不能與黃荊葉同用,同用會使人肢體麻木。

收錄:菜之一　《綱目》	利用部分:全草

金縷梅科	楓香樹屬	*Liquidambar formosana* Hance

楓香 (本草名：楓香脂、白膠香)

楓香是常見的落葉型行道樹。楓香脂是楓香樹的乾燥樹脂，採收方式為割裂楓香樹幹，讓汁液流出並陰乾。乾燥樹脂為大小不一的橢圓形或球形顆粒，表面淡黃色，半透明，易碎，氣味清香。楓香外形雖類似楓樹，但楓樹屬無患子科，沒有香味，而且兩者的葉序和種子形狀不同，為不同種植物。此外，楓香的樹幹可用來種植香菇。

植株高度可達40公尺

特徵 楓香為落葉喬木，樹幹直，植株高度可達40公尺，樹皮灰褐色。單葉，具細長柄，互生而叢集枝端，掌狀3裂，春夏時為綠色，秋冬時逐漸轉紅。花單性，雌雄同株，但雄雌花分別開放，花朵帶有淡紅色；雌花為有細長總梗，聚成球形頭狀花。結球形蒴果，上有刺，未成熟時呈綠色，成熟後為棕色多刺的木質結構。

產地 中國華北以南、台灣、寮國，越南北部地區。

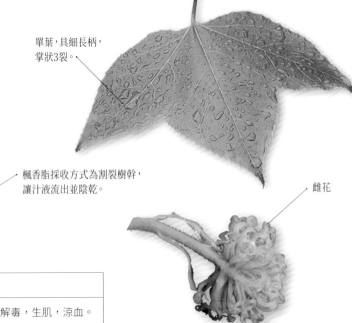

單葉，具細長柄，掌狀3裂。

楓香脂採收方式為割裂樹幹，讓汁液流出並陰乾。

雌花

用途

味辛、性微苦，平。活血止痛，解毒，生肌，涼血。用於跌打損傷，吐血，外傷出血。

收錄：木之一 《唐本草》 | 利用部分：樹脂

虎耳草科	虎耳草屬	*Saxifraga stolonifera* Curtis

虎耳草 (本草名：虎耳草)

　　虎耳草的葉片形狀類似小老虎的耳朵，所以取名為「虎耳草」。虎耳草性喜低溫潮濕，在台灣常見於高山潮濕地區。至於平地種植的虎耳草，通常在夏季因不適應高溫氣候而枯死。

特徵　多年生草本植物。植株高14至45公分，具走莖，全株被毛，落地後又生新株。葉基生或莖生，肉質，具長柄，可達21公分，腎狀圓形，邊緣波浪形或淺裂，有鈍齒；上表面綠色，沿脈有白色條斑，下表面帶紫紅色或斑點，兩面被長伏毛。花有白、粉紅、紫或黃色，多朵排成圓錐花序；花莖從葉叢中抽出，萼片5枚，分離，卵形，花瓣5片，有紫斑或黃斑，上面3片較小，卵形，下面2片大，純白色，披針形，雄蕊10枚，二輪，心皮2枚，基部合生，花柱2枚。蒴果卵形，2室，具2喙，自花柱間開裂，種子多數。

別名　豬耳草、石荷葉、貓耳朵

產地　中國、韓國及日本，台灣早年引入栽植。

花瓣5片，上面3片較小，下面2片大。

上表面綠色，沿脈有白色條斑。

株高14至45公分

用途

味辛、微苦，性寒，小毒。效用：祛風、清熱、涼血、消腫、解毒。主治：風疹、中耳炎、咳嗽、咳血、牙痛、凍瘡、濕疹、皮膚瘙癢、癰腫疔毒、蜂蠍螫傷、小兒百日咳。

收錄：草之九 《綱目》	利用部分：地上部分

薔薇科	蛇莓屬	*Potentilla indica* (Andrews) Th.Wolf

蛇莓 (本草名：蛇莓)

　　蛇莓具有匍匐走莖，攀爬生長在地面上，每個莖節都可以生根，也能長出新芽，生長速度快，短時間便能長成一大片。由於莖蜿蜒生長的模樣，因此稱為蛇莓。蛇莓的果實雖小，但和草莓一樣可食用，味道酸甜。每一粒果實都是聚合果，果實上一顆顆的小紅粒才是瘦果，整個聚合果著生於膨大的花托上。

花冠黃色，瓣5枚。

特徵　多年生草本植物，莖為匍匐走莖，長可達1公尺，節節生根，多分枝，全株被白色柔毛。三出複葉基生或互生，有長柄，基部有2枚廣披針形托葉；小葉近菱形，圓卵形、卵形或倒卵形，先端鈍，基部寬楔形，邊緣具鈍鋸齒，兩面散生柔毛或上面近無毛。春末開花，花單生於葉腋；花梗長可達50公釐；花萼2輪，內輪有5萼片，廣披針形，外輪萼片較寬，先端3淺裂；花冠黃色，花瓣5枚，呈寬倒卵形，先端微凹；雄蕊多數。瘦果小，扁圓形，色鮮紅，數量多，生在膨大球形花托上，聚合成卵狀球形的聚合果，可生食。

別名　蛇泡草、地楊梅、野楊梅

產地　廣泛自生，南達印度、印度尼西亞、歐洲、美洲、阿富汗、日本及中國遼寧以南各省及全台灣，常生長在山坡、河岸、草地及潮濕處。

卵狀球形的聚合果，可生食。

邊緣具鈍鋸齒

莖為匍匐走莖，長可達1公尺。

用途

味甘，微酸、澀，性微寒，花果小毒。效用：清熱、涼血、止血、散瘀、消腫、解毒、殺蟲。主治：感冒發熱、咳嗽、百日咳、小兒高熱驚風、咽喉腫痛、白喉、吐血、黃疸型肝炎、糖尿病、胃痛、細菌性痢疾、阿米巴痢疾、月經過多、腰扭閃、久年傷。

收錄：草之七　《別錄》下品	利用部分：汁

薔薇科	枇杷屬	*Eriobotrya japonica* (Thunb.) Lindl.

枇杷 (本草名：枇杷)

　　一般所稱的「枇杷」是指枇杷樹的果實，因其外型類似樂器「琵琶」，而以同音的「枇杷」命名。枇杷味道鮮美、營養豐富，富含各種維生素及礦物質，中藥用途以「祛痰止咳、生津潤肺」為主。我們熟悉的「枇杷膏」就具有潤肺、止咳功效的保健良藥。

特徵　多年生常綠小喬木。植株高約2.5至4公尺，樹冠呈圓狀，小枝粗壯，密生淡褐色或灰棕色絨毛。葉互生，葉片呈披針形、倒披針形或披針狀長橢圓形，邊緣鋸齒狀，厚質，深綠色，背面被絨毛，具短柄。圓錐狀花序，頂生，花白色或淡黃色，花萼、花瓣各5枚，5至10朵一束；雄蕊多數，花柱5裂，子房下位，5室，胚珠2枚。果實呈水滴狀圓錐型，熟果橙黃色，果皮被絨毛，內藏種子1至5顆。

別名　盧橘、金丸

產地　中國四川、陝西、湖南、湖北、浙江及台灣

邊緣鋸齒狀，厚質。

圓錐狀花序

背面被絨毛

株高約2.5至4公尺

用途

果實：味甘、酸，性平，無毒；葉：味苦，性平，無毒。效用：潤肺、止咳、止渴、下氣。主治：嘔吐、腳氣病、中暑、流鼻涕、咳嗽、流鼻血、痔瘡腫痛、慢性氣管炎。

附註：脾虛泄瀉、糖尿病患者忌食。

收錄：果之二　《別錄》中品　｜　利用部分：果實、葉、花、木白皮

| 薔薇科 | 蘋果屬 | *Malus pumila* Miller |

蘋果（本草名：林檎）

　　我們所熟知的「蘋果」；中國古代將它命名為「林檎」，這是因為成熟的果實氣味芳香、果肉甜美，常引來林中禽類覓食。蘋果富含多種維生素，深獲人們喜愛，現今世界各地以也培育出各式不同品種的美味蘋果。

特徵　多年生落葉小喬木。小枝粗壯，幼時密被柔毛，老時無毛。葉互生，葉柄長約1至5公分，被短柔毛，葉片呈卵形或橢圓形，先端急尖或漸尖，基部圓形或寬楔形，邊緣細鋸齒，密被短柔毛。花兩性，繖房花序，花4至7朵，集生於小枝頂端；花梗長1.5至2公分，密被柔毛；萼筒鐘狀，密被柔毛，萼片5枚，三角披針形，先端漸尖，全緣，內外兩面密被柔毛，萼片比萼筒稍長；花瓣5片，呈倒卵形或長圓倒卵形，基部有短爪，呈淡粉紅色；雄蕊17至20枚，花絲長短不等，花柱4枚。梨果近球形，呈青綠、粉紅或紅色，宿存萼肥厚隆起。

別名　頻婆果、文林果、蜜果

產地　原產西亞及歐洲，全球溫帶地區廣泛種植。

梨果近球形

先端急尖或漸尖

繖房花序

蘋果富含多種維生素，深獲人們喜愛。

用途

味酸、甘，性溫，無毒。效用：下氣、止渴、化瀉。主治：霍亂腹痛、下痢、蛔蟲病。

| 收錄：果之二　宋《開寶》 | 利用部分：果實、根 |

| 薔薇科 | 小石積屬 | *Osteomeles schwerinae* Schneid. var. *microphylla* Rehd. et Wils. |

小石積 (本草名：不凋木)

　　小石積生長在山坡、乾燥河谷或路旁，由於四時不凋，故古名「不凋木」。植株於夏季採收後，將植株切段曬乾，加水煎煮成藥湯，對腎臟功能調理有幫助，可改善腰膝痠痛症狀。

特徵　落葉或半常綠多刺灌木，枝條幼時呈紫褐色，外表包被著白色柔毛，成熟後轉為黑褐色。葉序為奇數羽狀複葉，小葉呈長圓狀，葉背面長著稀疏的短小柔毛。花色白，花瓣5枚，為繖房花序於枝條頂端，總花梗與花梗均具稀疏柔毛，花期約在四至五月。卵形狀的藍黑色果實，殘留的萼片反折。

別名　格棒子、格棒棒
產地　中國陝西、甘肅、四川、雲南

奇數羽狀複葉

小石積由於四時不凋，故古名「不凋木」。

用途
味苦，性溫。主治：益腎，主腰膝痠痛。

收錄：木之三　《拾遺》　　　　　利用部分：植株地上部分

薔薇科	梅屬	*Prunus japonica* Thunb.

郁李 (本草名：郁李)

　　郁李是金門春季植物的代表，北台灣較難看見。郁李的花瓣呈漸層的粉紅色，和櫻花一樣先開花後長葉。當花滿全株時，美得令人屏息。有趣的是，郁李的果子小，和李子味道差不多，因而又稱為「小李子」。

特徵　落葉灌木，植株高約1公尺，小枝纖細，灰褐色。單葉互生，葉闊披針形，鋸齒緣。花先葉而開，花小有柄，粉白至淡紅色，腋生，花瓣5片，單瓣或重瓣。核果小，圓形，直徑約1公分，成熟為紅紫色，具有光澤，小巧可愛，內有種子，就是中藥材的郁李仁。

別名　山李、爵李、翠梅
產地　中國、金門

株高約1公尺

▲重瓣

互生，葉闊披針形，鋸齒緣。

用途
味辛、苦、甘，性平。潤腸順便，利水消腫。

收錄：木之三　《本經》下品　　利用部分：果實

| 薔薇科 | 梅屬 | *Prunus mume* (Siebold) Siebold & Zucc. |

梅 (本草名：梅)

　　梅在中國古代又稱「報春花」，因梅花在冬末初春綻放，有吉慶寓意，象徵冬天已到盡頭，令萬物欣欣向榮的春天即將到來。梅的果實即梅子，其鮮果的滋味苦澀且含有「氰酸」毒素，不適生食，多製為烏梅、話梅、梅醬、梅干、梅醋、梅酒、梅汁等加工食品。梅子雖然嘗起來酸溜溜，其實是屬於鹼性食物，可中和肉類食物所形成的酸性物質，有助平衡體內的酸鹼值。近幾年，梅子也成為炙手可熱的健康食品。

特徵　多年生落葉小喬木。株高約5至6公尺，樹冠開展，呈褐紫色或淡灰色，多縱駁紋，小枝細長，枝端尖，綠色。單葉互生，葉呈寬卵形或卵形，邊緣細鋸齒狀，先端漸尖或尾尖，基部闊楔形；葉柄長約1公分，近頂端有2腺體，具托葉。花單生或2朵簇生，花冠呈白色、粉紅色；苞片鱗片狀，萼筒鐘狀，裂片5；雄蕊多數，生於花托邊緣，雌蕊1枚。核果球形，幼時綠色，熟時黃色，核硬，有槽紋。

別名　江梅、綠萼梅、杏梅
產地　中國及台灣

核果球形，幼時綠色，熟時黃色。

花白色

株高約5至6公尺

邊緣細鋸齒狀

用途

味酸、苦、澀，性平，無毒。效用：下氣、除熱、安心、斂肺、澀腸、生津止渴。主治：霍亂、肺癆、解酒、慢性腹瀉、痢疾、膽囊炎、久咳、血尿、嘔吐。
附註：濕熱瀉痢患者忌食。

收錄：果之一　《本經》中品 ｜ 利用部分：果實、種仁、花、葉、根

薔薇科	梅屬	*Prunus persica* (L.) Batsch

桃 (本草名：桃)

　　桃樹的果實「桃子」氣味芳香、果肉鮮美，除了可趁新鮮食用之外，也可加工做成桃子醬、桃子汁、桃子乾和桃子罐頭，是廣受人們喜愛的水果。桃子也因外型美觀、肉質甜美，在中國一向是吉祥喜慶的象徵，享有「仙桃」的美稱。

特徵　多年生落葉小喬木。植株高約3至5公尺，樹冠開展，樹皮灰色，樹皮呈片狀剝落，小枝則呈光滑狀。單葉互生或叢生枝端，葉片橢圓狀披針形，具鋸齒緣，長約8至15公分；先端長尖，基部楔形，葉柄基部常生蜜腺，有托葉。花1至3朵叢生，花瓣為5或5的倍數；花冠顏色呈白、紅或暗紅色。核果球形，表面被絨毛，果肉呈白或黃，果核表面有皺溝。

別名　甜桃、白桃、蟠桃、水蜜桃

產地　中國北京、天津、青島、河南及台灣

葉橢圓狀披針形，具鋸齒緣。

▲重瓣

花5瓣

株高約3至5公尺

用途

實：味辛、酸、甜，性熱，微毒；種仁：味苦、甘，性平，無毒；花：味苦，性平，無毒；葉：味苦，性平，無毒。效用：利尿、消腫、生津、潤腸、活血、消積、破血行瘀。主治：瘡毒、腹痛、傷寒、霍亂、尿道結石、肺癆、跌打損傷、腸燥便祕。

收錄：果之一　《本經》下品	利用部分：果實、種仁、果毛、花、葉、莖皮、根皮、樹脂

薔薇科	李屬	*Prunus salicina* Lindl.

李 (本草名：李)

　　李樹的果實俗稱李子，除了鮮食，還可糖漬、鹽漬或製成果汁、果醬、蜜餞或釀酒。李子的維生素含量豐富，不僅能促進消化、增進食慾，對於肌膚保養也有很好功效，因此李子做成的李子酒也有「駐色酒」之稱。

特徵　多年生落葉小喬木。植株高約3至5公尺，樹皮灰褐色，老幹有橫裂眼狀斑紋。葉為單葉互生或叢生枝端，枝尾葉片通常4至6葉簇生，呈長橢圓披針形；先端長尖，基部楔形，鋸齒緣，具托葉，葉脈明顯。花簇生，具花梗，花冠白色。果實扁圓形，果皮鮮紅色、紫紅色或紫色，被臘粉，果肉呈黃色、白色或紅色。果實中含有種子1顆。

株高約3至5公尺

別名　李仔、李子、紅肉李

產地　中國及台灣

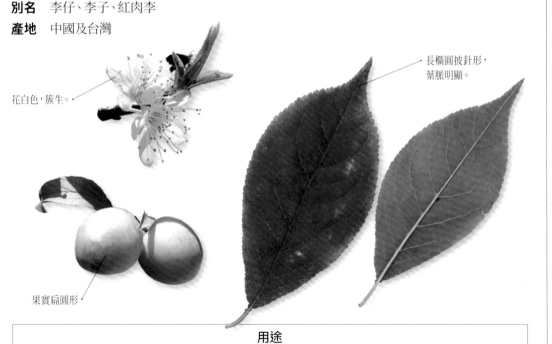

花白色，簇生。

長橢圓披針形，葉脈明顯。

果實扁圓形

用途

果實：味苦、酸，性微溫，無毒；種仁：味苦，性平，無毒；葉：味甘、酸，性平，無毒。效用：消腫、止痛、清熱、利水、消積食。主治：跌打損傷、瘀血、臉上粉刺黑斑、水腫、牙痛、女子赤白帶、咽喉腫痛、扁桃腺炎、肝硬化、消化不良、濕疹、便祕、蟲蛇咬傷。

收錄：果之一　《別錄》下品　　利用部分：果實、種仁、根白皮、花、葉、樹脂

薔薇科	薔薇屬	*Rosa laevigata* Michx.

金櫻子 (本草名：金櫻子)

　　金櫻子喜歡向陽多石的山坡環境，可作為庭園的綠化或充當圍籬。可惜，金櫻子目前在台灣為嚴重瀕臨絕滅的植物，僅見於低海拔的荒野，北部也只在坪林一帶可以得見。

特徵　常綠攀援狀灌木，植株可高達5公尺，枝條彎曲，密生倒鉤狀的彎次。三出複葉互生，頂生的小葉較大。小葉橢圓狀卵形至卵狀披針形，葉緣為細鋸齒狀。春夏之際開花，白色，花蕊黃色，被絨毛，包於花托內。果期秋天，薔薇果熟時紅色，梨形，外有刺毛，內有多數瘦果。

別名　金英子、刺梨、野石榴

產地　台灣、寮國、越南及中國

株可高達5公尺。

薔薇果熟時紅色，梨形。

三出複葉互生

花白色，花蕊黃色。

用途
性平，味酸、甘甜，有澀味。功用：固精縮尿，澀腸止瀉。

安石榴科	安石榴屬	*Punica granatum* L.

安石榴 (本草名：安石榴)

　　相傳漢朝張騫出使西域時，從安石國帶回「榴」的種苗，因此這種植物稱為「安石榴」。安石榴的果實外型飽滿渾圓、顏色鮮豔紅潤，內含多數子粒，有多子多孫、兒孫滿堂的美好寓意，在中國一直是象徵吉慶的水果。

特徵　多年生落葉灌木或小喬木。樹冠叢狀圓形，植株高約3至4公尺，樹幹灰褐色，上有瘤狀突起。葉對生或簇生，呈長披針形、長圓形或橢圓狀披針形，表面有光澤，背面中脈凸起，具短葉柄。花兩性，依子房發達與否，分為鐘狀花和筒狀花，1至數朵著生於新梢頂端及葉腋；萼片硬，肉質，管狀，5至7裂，與子房連生，宿存；花瓣為倒卵形，與萼片同數互生，分單瓣及重瓣，有紅、白、黃、粉紅、瑪瑙等色；雄蕊多數，花絲無毛；雌蕊具花柱1枚，心皮4至8枚，子房下位。漿果大型、多室，每室具多數子粒，外種皮肉質，呈鮮紅、淡紅或白色，多汁；內種皮為角質，也有退化變軟的軟籽石榴。

別名　石榴、紅石榴
產地　中國及台灣

花瓣為倒卵形

漿果大型、多室，每室
具多數子粒。

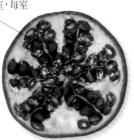

葉對生或簇生，呈長披針形。

株高約3至4公尺。

用途

味甜、酸、澀，性溫，無毒。效用：殺蟲、收斂、澀腸、止痢、止血。主治：抗菌、咽喉燥渴、痢疾、久瀉、便血、脫肛、遺精、女性更年期障礙、蟲積腹痛、疥癬。

收錄：果之二　《別錄》下品	利用部分：果實、果皮、花、根

豆科	相思子屬	*Abrus precatorius* L.

雞母珠 (本草名：相思子)

偶數羽狀複葉互生

　　雞母珠外型和紅豆相似，但是卻極具毒性。若是不小心誤食種子，即會有死亡的危險。相思子即為其種子，種子有腐蝕性，會使上消化道及口腔有燒灼感，可導致肺、心、胃、小腸及腎出血。此外，相思子的毒蛋白能引起神經系統紊亂和全身出血、肝臟壞死、淋巴充血、出血等症狀。

特徵　為木質藤本植物，長可達數公尺。偶數羽狀複葉互生，小葉多對，具短柄；葉形長圓形至長圓狀倒卵形，全緣，表面光滑。花期三至五月，總狀花序腋生；花冠蝶形，花瓣紅色或白色。果期五至六月，莢果黃綠色，長圓形或長方形。豆莢成熟後開裂，種子1至6個，橢圓形，但在頂端有帽狀黑點上部朱紅色，堅硬有光澤。

別名　相思子、相思藤、雞母子、鴛鴦豆
產地　中國南部、琉球、印度、西印度、非洲及美洲。

小葉長圓形至長圓狀倒卵形

莢果黃綠色

豆莢成熟後開裂

種子具毒性

用途

味苦，性平，有毒，使人嘔吐。

附註：種子雖毒，但其根及乾燥莖葉可泡涼茶。

豆科	孔雀豆屬	*Adenanthera pavonina* L.

孔雀豆 (本草名：海紅豆)

　　孔雀豆的種子深受人們喜愛，因其為心形鮮紅色，常被用來當手環、串珠等裝飾，十分可愛。孔雀豆的心材具有芳香味，可以作為檀香之代用品。

特徵　落葉喬木，植株高約8公尺，樹皮灰褐色，細鱗片狀剝落。小葉互生，葉形長圓形或卵狀橢圓形，二回羽狀複葉，對生，4至6對羽片。花期六至七月，總狀花序，花為白色或淡黃色小花；圓錐形花萼，頂部具有5個裂齒，外部被有細毛，卵狀披針形花瓣5枚。果期八至九月莢果成熟時候捲曲，內有鮮紅色種子。

別名　海紅豆、相思豆

產地　印度、斯里蘭卡，孟加拉、中南半島、中國南部、東南亞、巴布亞新幾內亞、所羅門群島及澳洲北部。

小葉互生，葉形長圓形。

可以作為檀香之代用品

用途
性微寒，有小毒。主人黑皮皯蹭，花癬，頭面游風，宜入面藥及澡豆。

收錄：木之二　《海藥》	利用部分：種子

豆科	決明屬	*Cassia fistula* L.

阿勃勒 (本草名：阿勃勒)

　　阿勃勒常用來作景觀樹或行道樹，廣泛種植在熱帶及亞熱帶地區，台灣亦四處可見，如宜蘭、臺南縣的省道上。花期在五月，初夏滿樹金黃色花，花序隨風搖曳、花瓣隨風而如雨落，美不勝收，所以又名「黃金雨」。

特徵　落葉喬木、株高10至20公尺，纖形樹冠，樹皮平滑。葉互生，偶數羽狀複葉，小葉對生，長約15公分、卵形、平滑。夏初開花，總狀花序、腋生於枝端，盛開時光禿無葉的枝條，掛滿黃色成串花朵。二至五月結果，長圓筒狀莢果，表面光滑、暗褐色，長約50公分，內有黑褐色種子。

別名　黃金雨、波斯皂莢、臘腸樹

產地　熱帶、亞熱帶

株高10至20公尺，樹皮平滑。

花黃色成串

長圓筒狀莢果，暗褐色。

小葉對生，卵形。

用途

果實味甜可食用，但具輕瀉作用，古埃及人用此來作瀉藥用。樹皮含單寧，可作紅色染料。根可治疥癬和清除潰瘍，樹皮可用來鞣製皮革。

收錄：果之三　《拾遺》　　　　利用部分：果實、根、樹皮

豆科	海桐屬	*Erythrina variegata* L.

刺桐 (本草名：海桐)

　　刺桐適合陽光充足的環境，對於土壤中的鹽分耐性佳，且抗強風、耐旱又耐寒。因抗空氣汙染，也抗病蟲害、耐修剪，且樹姿具觀賞價值，故多常被種為庭園觀賞、海岸防風、綠籬或是行道樹美化等作用。花芳香，具觀賞價值。刺桐的樹皮含生物鹼、刺桐靈鹼等成分，對多種皮膚真菌有抑制作用，故名間處方上能治風疹等皮膚病症。其木材可製作小型木製品。

特徵　落葉大喬木，具刺，株高10至15公尺，樹皮淡灰色，有瘤狀黑刺。三出複葉，有長柄，單葉三角卵形，葉柄基部有蜜腺一對，多數葉片叢生在枝條頂端。總狀花序，先開花再長葉，有毛，頂生，花大形，橙紅色，蝶形。莢果呈念珠狀，種子深紅色。

別名　梯枯、雞公樹、大刅樹

產地　原生於東南亞的沿海地區，廣泛分布於東非到東南亞和澳洲北部、印度洋及太平洋島嶼。

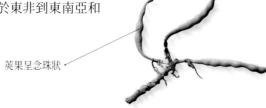

莢果呈念珠狀

單葉三角卵形

株高 10 至 15 公尺，花橙紅色，蝶形。

用途
皮：味苦、辛，性平；根：味苦和辛，性溫；種子：味苦，性寒。主治：樹皮外用皮膚病、祛風除濕；葉外用治疥癬、濕疹瘙癢；果實治疝痛。

收錄：木之二　宋《開寶》	利用部分：樹皮、花

豆科	大豆屬	*Glycine max* (L.) Merr.

大豆 (本草名：大豆、黑大豆、黃大豆)

　　大豆因種皮顏色不同，分為黃豆、青豆和黑豆。大豆營養價值極高，富含蛋白質、必需胺基酸、必需脂肪酸、卵磷脂、異黃酮、礦物質、維生素及纖維素等。近年來，世界多國已將大豆列為無膽固醇、低熱量、高蛋白、高纖維的健康食品。而大豆自古便是華人的重要食物，舉凡豆腐、豆干、豆漿、醬油、豆豉等華人地區特有的食品，都是由大豆製成。

特徵　一年生草本植物。莖高50至120公分，莖直立或上部蔓性，密生黃色長硬毛，分枝數約3至7枝，主莖節數17至20個。葉卵形，互生，先端鈍或急尖，中脈伸出成棘尖，基部圓形、闊楔形，全緣或微波狀，兩面均被黃色長硬毛，三出複葉，托葉小，披針形，小葉3片。總狀花序，腋生，2至10朵花，花白色、紫色；花萼綠色，鐘狀，先端5齒裂，被黃色長硬毛；花冠蝶形，旗瓣倒卵形，先端圓形，微凹，翼瓣箆形，有細爪，龍骨瓣略呈長方形，基部有爪；雄蕊10枚，2體，子房線狀橢圓形，被黃色長硬毛，基部有不發達的腺體，花柱短，柱頭頭狀。莢果長方披針形，先端微凸尖，褐色，密被黃色長硬毛。種子卵圓形或球形，種皮黃色、綠色或黑色。

別名　菽、黃豆、毛豆、青豆、黑豆
產地　原產於東亞，全球溫帶及熱帶地區廣泛栽植。

花冠蝶形，紫色。

種子卵圓形或球形，種皮黃色、綠色或黑色。

三出複葉

用途

黑大豆：味甘，性平，無毒；黃大豆：味甘，性溫，無毒。效用：活血、利水、祛風、解毒、健脾、益腎、消腫。主治：水腫、腳氣病、黃膽浮腫、腎虛腰痛、遺尿、癰腫瘡毒、瀉痢、腹脹、外傷出血、感冒、頭痛、煩躁胸悶、虛煩不眠。

收錄：穀之三　　《本經》中品	利用部分：果實、根、樹皮

豆科	豌豆屬	*Pisum sativum* L.

豌豆 (本草名：豌豆)

　　豌豆苗外表柔弱，莖幹彎曲，所以取名為「豌豆」。台灣的豌豆早年由荷蘭人所引進，又稱為「荷蘭豆」。豌豆營養豐富，可直接炒食；曬乾後也可磨成豌豆粉，製做成粉絲（涼粉），或當做糕點內餡。然而，若食用過量，容易導致胃脹氣、消化不良，胃較虛弱的病患不宜大量食用。

特徵　一年生或二年生攀緣草本植物。莖蔓彎曲長約1至2公尺，全體無毛。葉為羽狀複葉，互生，葉軸末端有羽狀分枝的卷鬚，托葉卵形，葉狀，大於小葉，基部耳狀，包圍葉柄或莖；小葉2至6枚，闊橢圓形或矩形，全緣。花柄自葉腋抽出，花1至3朵，白色或紫紅色，萼鐘形，5裂，裂片披針形，花冠蝶形，旗瓣圓形，翼瓣與龍骨瓣貼生，雄蕊10枚，成9與1兩束；花柱扁平，頂端擴大，內側具髯毛。莢果長橢圓形，長5至10公分。種子2至10粒，球形。

莖蔓彎曲長約1至2公尺

別名　荷蘭豆、胡豆、青豆
產地　源於地中海及中東地區，全球溫帶地區廣泛栽植。

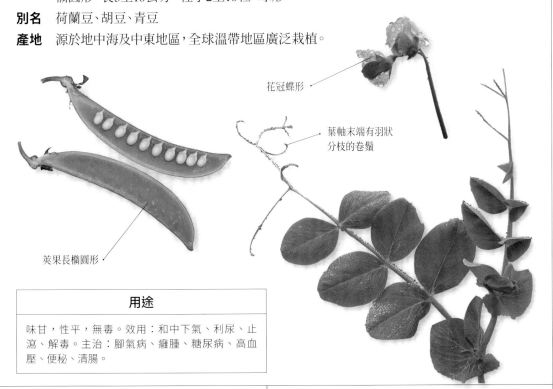

花冠蝶形

葉軸末端有羽狀分枝的卷鬚

莢果長橢圓形

用途
味甘，性平，無毒。效用：和中下氣、利尿、止瀉、解毒。主治：腳氣病、癰腫、糖尿病、高血壓、便秘、清腸。

收錄：穀之二　《拾遺》	利用部分：樹皮、花

| 豆科 | 紫檀屬 | 學名 | *Pterocarpus indicus* Willd. |

印度紫檀 (本草名:紫檀)

　　印度紫檀是一種四季分明的喬木,春天發嫩芽,夏天樹葉翠綠,秋天轉黃,冬天掉落,如此特性,常作為行道樹。除了觀賞用,紫檀是泛稱「花梨木」的木材,為一種高貴樹材,其心材色彩殷紅又具香氣,材質堅硬、紋理高雅美麗,為高級家具和裝飾用材。

特徵　為落葉喬木,具板根,根系發達、樹幹直立,植株可達25公尺,具黑褐色的光滑樹皮,樹幹圓筒狀而直立。一回奇數羽狀複葉,前端尖尾端圓,具有光澤。春夏開花,圓錐狀花序頂生或腋生,花又小又多,具鐘形花萼,花冠黃色。秋冬結果,為莢果,果形圓形扁平,具外圍一圈圓形薄翅,內含種子2至3枚。

別名　薔薇木、蘗木、黃柏木、青龍木
產地　中國廣東、緬甸、印度、爪哇、馬來西亞、菲律賓、波里尼西亞

莢果具圓形薄翅

花冠黃色

一回奇數羽狀複葉

株可達25公尺

用途
味鹹,性平。效用:止血定痛,消毒解腫,去淤血。治療頭痛、心腹痛。

| 收錄:木之一　《別錄》 | 利用部分:心材 |

| 豆科 | 葛藤屬 | *Pueraria montana* (Lour.) Merr. var. *thomsonii* (Benth.) M.R.Almeida |

大葛藤 (本草名：葛)

　　中國自古以來，葛藤的用途非常廣泛，無論食、衣、住、行、入藥各方面，都占有舉足輕重的角色。食：葛根可研磨成葛粉，是營養的澱粉類食物，也可做成可口的果凍、糕餅。至於衣、住、行方面，古時中國人即懂得利用葛藤強韌的纖維製成葛布，在棉花尚未傳到中國前，葛布是製作夏季衣裳的重要材料之一，而堅韌的葛布製造的鞋子也非常耐磨耐用。值得一提的是，葛藤纖維不僅可用作造紙原料，直到現今，它更發展為環保紙家具的原料！

特徵　多年生大型纏繞性藤本植物。單株生長可長達20公尺，全株密布淺褐色短毛。葉為三出複葉，小葉三裂，葉尖頓，葉基窄，唯枝條末端的小葉多呈卵型或寬橢圓型，長寬相等，托葉盾狀著生，寬可達6公釐以上。花為淡紫色，夏季綻放，總狀花序腋生。莢果也密布淺褐色短毛，形狀長而扁平。

別名　葛藤、葛條、山肉豆、山葛

產地　亞洲、太平洋沿海島嶼以及台灣，廣泛生長於海拔500公尺以下的開闊草地和灌木林邊緣。

株長可長達20公尺

花淡紫色，總狀花序。

三出複葉

用途

味甘、辛，性平，無毒。效用：解肌退熱、透發麻疹、生津止渴、升陽止瀉。主治：解酒、咽喉腫痛、止血、小兒腹瀉下痢。

| 收錄：草之七　《本經》中品 | 利用部分：全株，包含根、莖、花、種子 |

| 豆科 | 決明屬 | *Senna tora* (L.) Roxb. |

決明 (本草名：決明)

　　明代有位老秀才得了眼病，苦無藥醫。一日，某藥商從他家門前經過，看到幾棵野草，問他賣不賣？老秀才心想，藥商想買這種草，它肯定是藥草，於是不肯賣。到了秋天，這幾棵野草結了果實，有菱形、具光亮的草子，老秀才一聞，草子挺香的，每日便以草子泡茶喝。沒想到日子一久，他的眼病竟然好了，而且身輕體健。因此老秀才做了一首詩：「愚翁八十目不瞑，日數蠅頭夜點星，並非生得好眼力，只緣長年飲決明。」

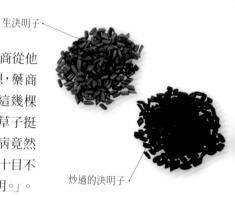

生決明子

炒過的決明子

特徵　直立草本植物或半灌木，高20至100公分，近無毛。偶數羽狀複葉互生，小葉3對，倒卵形至長橢圓狀倒卵形，全緣。花成對腋生，花瓣5枚，黃色，雄蕊7枚，等長，花期七至九月。莢果細長，略呈4角柱狀；種子菱形，綠褐色。

別名　草決明、馬蹄決明、假綠豆

產地　廣泛分布於全世界之熱帶及亞熱帶地區，中國見於大部分地區，如廣西、廣東、福建、雲南、山東、河北、浙江、安徽、四川。台灣引進後，現已成為歸化植物，分布於中、南部低海拔之沙質地及開闊的坡地。

花瓣5枚，黃色。

莢果細長，4角柱狀

偶數羽狀複葉互生

株高20至100公分

用途

味鹹，性平，無毒。主治視物不清、眼睛混濁、結膜炎、白內障、眼睛發紅、疼痛、流淚，可治眼部外觀無異常的失明、夜盲症、青光眼等眼疾。長期服用可使視力增進，目光有神，身體輕便。助肝氣、益精，潤腸通便。用水調末外塗，可消腫毒。燻太陽穴，可治頭痛。用來製作枕頭，可治頭風且有明目之效。在園中種決明，蛇不敢入；決明亦可解蛇毒。

| 收錄：草之五　《本經》上品 | 利用部分：種子。 |

豆科	蠶豆屬	*Vicia faba* L.

蠶豆 (本草名：蠶豆)

　　蠶豆是漢朝張騫出使西域時，由西方帶回中國，所以稱為「胡豆」；又因豆莢外形似老蠶，而有「蠶豆」之稱。新鮮的蠶豆可以炒食，乾燥的蠶豆油炸後，加鹽或糖調味，即是台灣早期常見的零嘴「蠶豆酥」。唯應注意的是，蠶豆本身含有蠶豆毒素，對於先天性紅血球缺乏葡萄糖－6－磷酸脫氫酶的人來說，誤食蠶豆會導致體內紅血球遭破壞，引發溶血性貧血，嚴重甚至可危及生命。這是俗稱的「蠶豆症」，在台灣很常見，因此近年來蠶豆相關食品已不易在市面見到。

株高約30至180公分

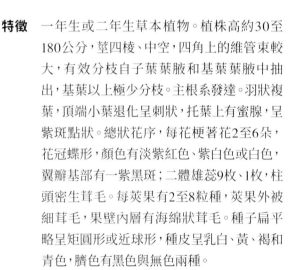

莖四棱、中空。

特徵　一年生或二年生草本植物。植株高約30至180公分，莖四棱、中空，四角上的維管束較大，有效分枝自子葉葉腋和基葉葉腋中抽出，基葉以上極少分枝。主根系發達。羽狀複葉，頂端小葉退化呈刺狀，托葉上有蜜腺，呈紫斑點狀。總狀花序，每花梗著花2至6朵，花冠蝶形，顏色有淡紫紅色、紫白色或白色，翼瓣基部有一紫黑斑；二體雄蕊9枚、1枚，柱頭密生茸毛。每莢果有2至8粒種，莢果外被細茸毛，果壁內層有海綿狀茸毛。種子扁平略呈矩圓形或近球形，種皮呈乳白、黃、褐和青色，臍色有黑色與無色兩種。

別名　馬齒豆、胡豆、羅漢豆

產地　中國四川、雲南、湖南、湖北、江蘇、浙江、青海及台灣

翼瓣基部有一紫黑斑

用途
種子：味甘、微辛，性平，無毒；苗：味苦、微甘，性溫，無毒。效用：利尿、健脾、止血、消腫。主治：內出血、水瀉、燙傷、肺癆咯血、消化道出血、外瘡出血、癰瘡、高血壓、水腫、腳氣。

收錄： 穀之二 《食物》	利用部分：種子、苗

豆科	豇豆屬	*Vigna radiata* (L.) R.Wilczek

綠豆 (本草名：綠豆)

綠豆不僅是中國夏季的消暑良品，營養價值也非常高，不論蛋白質、鈣質、或鐵質，含量都比雞肉高。此外，由於藥性可解熱 (暑) 毒，也能用來治療許多疾病，因此明朝李時珍稱它為「濟世良穀」、「食中要物」、「菜中佳品」。唯綠豆屬於「寒性」食物，體質或脾胃虛弱的病患要小心食用。

特徵　一年生草本植物。莖高約50公分，嫩莖被逆向粗茸毛，具多數分枝，小枝細長帶有粗毛。根為直立性軸根系，根上因有根瘤菌共生而產生瘤狀突起。葉互生，具羽狀3小葉，兩側小葉卵形至菱形，先端銳尖或漸尖，基部鈍或圓，全緣，表面光滑無毛或散生細毛，背面密生茸毛；托葉卵形，先端漸尖略有毛茸；頂小葉三角寬卵形，被疏長毛，先端銳尖。花呈蝶形，黃色或黃綠色，雌雄同株，數枚，呈腋生的總狀花序，苞片闊圓形；花序軸光滑無毛或稍帶茸毛；花萼先端5齒裂，上位裂片合生，下位裂片鈍鋸齒狀，中間最長，外面帶有毛茸；旗瓣闊圓形，先端圓而略凹。莢果圓形狹長，被褐毛，內有種子4至15顆，種皮綠色，不向內凹。

別名　菉豆、綠小豆、輻莢豇豆
產地　原產於印度，亞洲其他地區廣泛栽植。

蝶形花，黃色

綠豆有多種顏色的種皮

莢果圓形狹長

用途
味甘，性寒，無毒。效用：利尿、消暑、消腫、通氣、清熱、解毒。 主治：煩熱、風疹、傷風頭痛、燒燙傷、解酒、上吐下瀉、霍亂、腎炎、糖尿病、高血壓、動脈硬化、咽喉炎、視力減退。 附註：脾胃虛寒者忌食。

收錄：穀之二　宋《開寶》	利用部分：種子、種皮、豆莢、豆芽、葉

酢漿草科	楊桃屬	*Averrhoa carambola* L.

楊桃 (本草名：五斂子)

楊桃形狀可愛，汁多味美，深受國人喜愛。楊桃富含維生素與糖分，如蔗糖、葡萄糖和果糖；也含維生素B1、草酸、鉀、鈣、磷、鐵等礦物質。楊桃英文名為Star Fruit，取其如星星形狀。楊桃汁可生津潤喉，熱飲對喉嚨痛有療癒功效。

株約高10公尺左右。

特徵 小喬木或是灌木，植株約高10公尺左右。葉為奇數羽狀複葉，小葉互生，成卵狀橢圓形或倒卵形，基部鈍或歪斜，表面光滑。果實擁有五脊，為其最特別之處。花紫紅色，無特殊香味，每年的五至十月是主要開花期，在枝幹或葉腋處綻放紫紅色，成團成簇相當耀眼。楊桃自六月上旬便有陸續產量，直到次年三、四月，其中以三月產量最高。

別名 羊桃、五稜子
產地 熱帶、亞熱帶、亞洲

奇數羽狀複葉

紫紅色花

果實如星星狀

用途
味酸、甘、澀，性平，無毒。主治：風熱、生津解渴。
附註：楊桃內鉀離子含量較高，腎衰竭患者不適食用。

收錄：果之三 《綱目》　　　　　　　　　　利用部分：果實

酢漿草科	酢漿草屬	*Oxalis corniculata* L.

酢漿草 (本草名：酢漿草)

　　酢漿草因為莖、葉具酸味，又名「酸味草」或「鹽酸草」。它的眾多別名也幾乎和「酸」有關，在台灣低海拔地區是非常普遍常見的植物。酢漿草果實成熟時，只要用手輕輕觸碰，蒴果就會自動裂開，彈射出面的種子，非常有趣。酢漿草的葉子是由三片小葉構成，但偶有突變的四片小葉。傳說，如果找到四片小葉的酢漿草將會有幸運的事發生，所以酢漿草也稱為「幸運草」。

果實為縱裂蒴果，圓筒狀。

特徵　多年生鱗莖匍匐性草本植物。莖橫臥地面，蔓性或斜上升，被疏柔毛，在節上生根。葉互生，複葉具小葉3枚，小葉倒心形，無柄，白晝時三小葉平展，太陽西下後，小葉就逐漸下垂閉合，好似睡覺般。全年開花，花呈繖形花序，黃色，直徑約1公分，萼片綠色，5片，花瓣亦5片，倒心形。果實為縱裂蒴果，圓筒狀，長約1至1.5公分，成熟後自動迸裂。

別名　酢醬草、鹽酸草、黃花酢醬草、幸運草
產地　廣泛分布於世界各地

花黃色，5瓣。

莖橫臥地面

用途

味酸，性寒，無毒。效用：清熱、解毒、安神、降壓、利濕、涼血、散瘀、消腫。主治：白帶、尿路結石、痔瘡、脫肛、各種寄生蟲病、燒燙傷、毒蛇（蠍）咬傷、牙齒腫痛、痢疾、黃疸、吐血、咽喉腫痛、跌打損傷、疔瘡、疥癬、肝炎、腸炎。

收錄：草之九　《唐本草》	利用部分：全草

| 蒺藜科 | 蒺藜屬 | *Tribulus terrestris* L. |

蒺藜 (本草名：蒺藜)

　　蒺藜的名字很有趣，「蒺」是疾之意，「藜」則是利之意。蒺藜，乃因其果實具銳利之刺，傷人甚疾而得名。別名「茨」是指它的刺，而「屈人」、「止行」的名稱，則是針對其銳刺而帶有強烈警告之意。

特徵　長蔓性，多毛的草本，莖由基部分枝，平臥，長可達1公尺，淡褐色，全體被絹絲狀柔毛。偶數羽狀複葉對生，小葉10至16枚，對生，歪基的長橢圓形，全緣。花黃色，單生於葉腋，萼片、花瓣均5枚，花期6至7月。果實為離果，是一種不開裂的乾果，由5個分果瓣組成，每個果瓣具長、短棘刺各1對，背面有短硬毛及瘤狀突起。

別名　茨、旁通、止行

產地　廣泛分布於全世界熱帶及亞熱帶地區，如中國的雲南、海南島，台灣則見於中、南部及澎湖的海岸沙地。

花黃色，5瓣。

小葉10至16枚，對生。

莖由基部分枝，平臥。

用途
味苦，性溫，無毒。主治瘀滯的死血，破腹部腫塊，消喉痺，治難產。久服長肌肉，明目，身體輕健。治身體風癢、頭痛、咳逆傷肺、肺痿，可止煩，降氣。治小兒頭瘡、癰腫、陰潰、瘰瘡，療吐膿，祛燥熱。治奔豚腎氣，肺氣胸膈滿悶，能催產、墮胎、益精，療腎虛怕冷、小便多、遺精、尿血腫痛。還可以治痔漏、陰部潮濕、婦人乳房瘡癰、白帶多，另可治風邪所致的大便秘結，以及蛔蟲造成的心腹痛。

大戟科	油桐屬	*Vernicia fordii* (Hemsl.) Airy Shaw

油桐 (本草名：罌子桐)

　　油桐在春夏間開花，每當風吹拂而過，便會揚起一抹似白雪的景像，故又稱為「五月雪」。油桐樹不僅花朵美麗，也常做為綠化園景的樹種。植株的根、葉、花、果殼和種子皆可入藥。種仁可製油，名叫「桐油」，是重要工業用油、塗料或是供製墨條的材料，過去用於點燈，也做為農具和各種機具外殼的主要塗料。至於油桐的木材，則因質地輕巧，常被製成家具使用。

特徵　　油桐平滑的樹皮呈灰白或褐色，枝條對生。葉片有長柄，基部具無柄的二腺體；葉序為互生，葉型呈闊卵形，葉的前端漸尖，葉的基部呈心形，葉片呈5至7條脈的掌狀葉脈；幼葉背面起初生有毛茸，之後細毛掉落而呈現光滑無毛。花通常先葉開放或與葉同時開放，花瓣5瓣，白色花瓣中有淡紅色條紋，中心紅黃色，花序呈圓錐狀聚繖，頂生於枝條上；雄蕊8至12枚，子房3至5室；白色花瓣翩翩地落下的油桐花海，常見於初春至夏季。果實為圓形核果，果皮光滑，外型上下端凸尖。種子3至5枚。

別名　　桐油樹、光桐、五月雪、五年桐

產地　　中國、台灣

白色花瓣中有
淡紅色條紋

葉的基部呈心形，呈5至7條脈
的掌狀葉脈。

果實為圓形核果，果皮光滑。

用途

根、樹皮、油為味甘或微辛，性寒，有毒。油外用可消腫解毒。桐油可製造油漆、防水塗劑。

附註：油桐種子有毒，誤食會產生劇烈吐瀉。

收錄：木之二　《拾遺》	利用部分：種子、油

大戟科	巴豆屬	*Croton tiglium* L.

巴豆 (本草名：巴豆)

　　巴豆因為具有腹瀉功能，因此過去許多減肥藥會添加巴豆，號稱具有清除宿便的功能。然而巴豆具有毒性，若是內用可能會侵蝕腸黏膜，破壞紅血球等，引起噁心、嘔吐與腹痛。因此，巴豆目前已經被列為化妝品內禁用藥材，使用時需經中醫師謹慎判定。

特徵　常綠灌木或小喬木，植株高2至10公尺，樹皮灰白色，平滑，呈細線縱裂；多分枝，新枝為綠色，具星狀毛。單葉互生，葉形為卵形或橢圓狀卵形，葉緣淺疏鋸齒。花期3至5月，總狀花序，頂生，單性，雌雄同株，上雄下雌花，被星狀毛，夏季開綠色花。蒴果為倒卵形，種子即巴豆，略呈橢圓形，稍扁，黃棕色，種子3粒，皮薄而堅脆，剝去後可見種仁，具油質。秋季果實成熟時採收，曬乾後，去果殼，收集種子，曬乾使用，果期七至九月。

別名　落水金剛、巴菽
產地　中國、越南、印度、印度尼西亞及菲律賓

蒴果為倒卵形，
黃棕色。

總狀花序，頂生。

葉緣淺疏鋸齒

株高2至10公尺

用途
味辛，性熱，有大毒。效用：峻下冷積，逐水退腫，祛痰利咽，蝕瘡。
附註：孕婦和體弱者禁用。服本品後，勿再服熱水或熱粥，以免加劇瀉下作用。由於本品具毒性，因而使用時應特別注意切勿過量。若服後瀉下不止，應以黃連、黃柏冷服止之，或服冷粥。

收錄：木之二　《本經》下品	利用部分：種子

大戟科	蓖麻屬	*Ricinus communis* L.

蓖麻 (本草名：蓖麻)

　　蓖麻的葉似大麻，而種子上有褐色斑紋，形如牛蜱，因而稱為「萆麻」，後轉為「蓖麻」。台灣在日據期間，日軍為了利用蓖麻種子壓製大量工業用油，以供飛機引擎或發動機潤滑之用，曾下令全台每戶人家都要種植一定數量的蓖麻，甚至學校也以種植蓖麻當做學生的家庭作業。因此，當時台灣有大量的蓖麻田，幾乎人人都認識這種植物。

直立草本植物，灌木狀。

特徵　直立草本植物，灌木狀，莖中空，幼時表面密被白粉。葉大型，互生，具長柄，葉柄盾狀著生，葉圓卵形，掌狀裂，裂片5至11枚，葉緣鋸齒狀，齒尖具腺體。花無花瓣，單性，雌雄同株，總狀花序腋生，雌花在花序上部，雄花在下部。蒴果卵形，具粗刺，3裂；種子光滑，形如牛蜱。

別名　紅蓖麻、蓖麻仔、牛蜱

產地　原產於非洲，現已廣泛分布於全球熱帶及亞熱帶地區，中國各地均有栽培，台灣引入栽培後，分布於全島低海拔之開闊地。

葉圓卵形，掌狀裂

種子光滑

雌花在花序上部，雄花在下部。

用途

味甘、辛，性平，有小毒。主治水腫。用水研20枚服，達到嘔吐惡沫，加到30枚，3日服一次，病癒則停用。另治風虛寒熱，身體瘡瘍浮腫、毒邪惡氣，榨取油來塗擦，研敷瘡瘺疥癩，塗手足心可催生。治瘰癧、偏風不遂，口眼歪斜，失音口噤，頭風耳聾，舌脹喉痺，鼻喘腳氣，毒腫丹瘤，燙火傷，針刺入肉，女人胎衣不下，子腸挺出，可開通竅竅經絡，能止諸痛，消腫追膿拔毒。蓖麻油為刺激性瀉藥。

附註：蓖麻油，孕婦忌服。

大戟科	烏桕屬	*Triadica sebifera* (L.) Small

烏臼 (本草名：烏臼木)

　　在過去，烏桕是中國的經濟作物。烏臼的種子外部含蠟，是製作蠟燭的材料。它的種子可以榨油、製作肥皂；葉子則可入藥，或是做黑色染料；莖則可以用作雕刻木材。由於烏臼生長迅速，也是重要的綠化樹種，用途相當廣泛。

特徵　落葉喬木，植株高可達15米，無毛，具乳汁，樹皮灰黑色，有淺縱裂。葉互生，呈菱形、菱狀卵形，秋季時會轉為紅、橙、紫、褐、深綠或釉綠等色。花期五至六月，花單性，雌雄同株，聚集成頂生總狀花序，黃綠色細穗狀，在春季時吐出。蒴果為橢圓形狀，初長出來為綠色，成熟時黑色，並裂開為3瓣。種子3粒，則近圓形，外被白色蠟質層。

別名　烏桕、瓊仔、木蠟樹
產地　中國、日本、越南、印度

蒴果為橢圓形狀

葉互生，菱狀卵形

株高可達15米。

用途
味苦，性微温，有小毒。主治：殺蟲、解毒、利尿、通便。外用治疗瘡、雞眼、乳腺炎、跌打損傷、濕疹、皮炎。

收錄：木之二　《綱目》	利用部分：種子、根皮、葉

| 芸香科 | 山油柑屬 | *Acronychia pedunculata* (L.) Miq. |

降真香 (本草名：降真香)

　　降真香的果子可食用，味道類似棗子，頗受登山客所喜愛。由於降真香的樹木剝皮時具有一股柑橘香味，因此又稱為「山橘」。

特徵　為常綠喬木，高約6公尺。小葉光滑，橢圓或近長橢圓形至倒卵形，光亮深綠色，臘質。葉揉碎時發出香味。花期為四至八月，白色花，花瓣五瓣，子房有柄，4室。果實包含4離生小果，具核果，果實為黃綠色，香甜可食，果期為八至十二月。

別名　山油柑、山橘
產地　東南亞各國

白色花，花瓣五瓣。

橢圓或近長橢圓形至倒卵形

株高約6公尺

用途

味甘，性平。根、葉、果可藥用，能化痰止咳、活血散瘀、消腫止痛，可治支氣管炎、感冒、咳嗽等症。

收錄：　木之一　《証類》

利用部分：根之心材、木材

芸香科	柑橘屬	*Citrus maxima* (Burm.) Merr.

柚 (本草名：柚)

　　柚的果實「柚子」是中國人歡度中秋節的必備水果。這是因為柚子大約在初秋的農曆八、九月成熟，且外型渾圓、果肉酸酸甜甜，非常美味，成為中秋節的應景水果。

特徵　多年生常綠中喬木。樹冠大型，圓頂，植株高可達7至8公尺，枝條粗壯帶刺。葉互生，葉片大而厚質，呈長卵圓形，似柑、橘的葉片，但葉柄具寬翅，葉下表面和幼枝被短茸毛；葉面深綠色帶光澤，背面淡綠色，葉片一前一後、一大一小相連，為單身複葉。花為聚繖花序，大型，單生或對生，花冠白色，呈橢圓形。果實大型，果皮淡黃色、黃綠色或淡綠色，質厚而粗，油胞大；果形因品種不同，有球形、洋梨形、扁球形等；果肉隔分成瓣，瓣間易分離，每瓣含籽粒數顆。

別名　拋欒、文旦
產地　中國福建、江西、廣東、廣西及台灣

葉下表面和幼枝
被短茸毛

花冠白色，
呈橢圓形。

株高可達7至8公尺

果肉隔分成瓣

果實大型，果皮
質厚而粗。

用途
果實：味酸，性寒，無毒；果皮：味甘、辛，性平，無毒。效用：消食、下氣、解毒、消腫、止痛、散寒、燥濕、利水。主治：解酒、化痰、頭痛、食慾不振、風寒咳嗽、疝氣。 附註：脾虛便溏者慎食。

收錄：果之二　《日華》	利用部分：果實、果皮、葉、花

芸香科	柑橘屬	*Citrus medica* L.

枸櫞 (本草名：枸櫞)

　　枸櫞的新鮮果實嘗起來又酸又苦，幾乎不拿來生食，而以藥用為主。中藥的「香櫞」，便是枸櫞植物的乾燥成熟果實，主要為「理氣」之用。

特徵　多年生常綠小喬木。植株高可達4公尺，樹枝開展、細長，具有硬棘刺，棘刺長約1至3公分。葉互生，呈長橢圓形，基部鈍，革質，葉緣呈波狀鈍齒或鋸齒，散生綠色油胞點；表面綠色有光澤，背面淡綠色，花為總狀花序或叢生，生長於葉腋，花白色外面帶紫色，花柄細長，花萼杯形，直徑約2至3公釐，先端 4或5裂，裂片三角形；花瓣4至5枚，橢圓形，先端鈍；雄蕊多數，花絲細長，子房上部漸狹，約10至15室。果實卵形或長圓形，先端有乳頭狀突起，成熟時呈黃色；果皮粗厚有肋紋，內有瓤約10，心皮厚而柔軟，呈白色；果肉為淡黃色，種子7至8顆，卵圓形，先端尖。

別名　香櫞、香圓
產地　中國浙江、江蘇、廣東、廣西及台灣、越南、緬甸、印度。

葉緣呈波狀鈍齒或鋸齒

葉互生，呈長橢圓形。

雄蕊多數，花絲細長。

株高可達4公尺

用途

果實：味辛、苦、酸，性溫，無毒；果皮：味辛、甘，無毒。效用：舒肝、理氣、寬中、化痰。主治：胃痛、痰多、咳嗽、食慾不振、消化不良、嘔吐。

附註：陰虛血燥及孕婦氣虛者慎服。

收錄：果之二　宋《圖經》	利用部分：果皮、根、葉

| 芸香科 | 柑橘屬 | *Citrus medica* L. var. *sarcodactylis* (Noot.) Swingle |

佛手柑 (本草名：佛手柑)

　　佛手柑得名於：果實外型呈現人類手指握拳或伸直模樣，不開裂者稱為佛拳，宋朝時即已有栽培供觀賞，現今則養成盆景外銷東南亞。依產地而有不同名稱，如廣佛手 (廣東、廣西)、川佛手 (四川、雲南)，而浙江金華生產的「金佛手」最為知名。可削去外皮後生食果肉，或切片曬乾製成佛手柑片，沖泡飲用。

株高約2至4公尺，老枝幹呈灰綠色，幼枝帶紫紅色。

特徵　多年生常綠小喬木。植株高約2至4公尺，老枝幹呈灰綠色，幼枝帶紫紅色，具短且硬的刺。單葉互生，葉片革質，呈長橢圓形或倒卵狀長圓形，先端鈍，基部近圓形或楔形，邊緣為淺波狀鈍鋸齒，葉柄短。花單生，簇生或總狀花序，花萼杯狀，5淺裂，裂片三角形；花瓣5，內面白色，外面紫色，雄蕊多數。柑果呈卵形或長圓形，先端分裂如拳狀或張開似手指頭，其裂數即代表心皮數，表面橙黃色，粗糙，果肉淡黃色。種子數顆，卵形，先端尖。

別名　佛手、香圓
產地　中國廣東、廣西、安徽、湖南、四川、福建、浙江及台灣

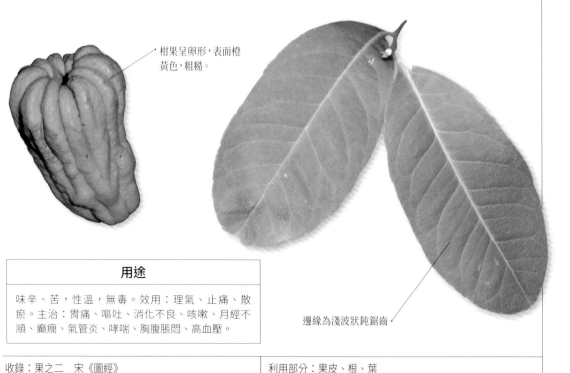

柑果呈卵形，表面橙黃色，粗糙。

邊緣為淺波狀鈍鋸齒

用途
味辛、苦，性溫，無毒。效用：理氣、止痛、散瘀。主治：胃痛、嘔吐、消化不良、咳嗽、月經不順、癲癇、氣管炎、哮喘、胸腹脹悶、高血壓。

收錄：果之二　宋《圖經》 ｜ 利用部分：果皮、根、葉

芸香科	柑橘屬	*Citrus reticulata* Blanco

橘 (本草名：橘)

　　橘的果實「橘子」是我們秋冬常見的水果。橘子富含維他命C、檸檬酸、膳食纖維及果膠，對於人體健康很有益處。而橘子皮曬乾之後，是中藥常見的「陳皮」，有止咳、化痰的功效。

特徵　多年生常綠灌木或小喬木。植株高約3至4公尺，枝細，有刺。葉互生，葉片披針形或橢圓形，先端漸尖微凹，基部楔形，全緣或波狀，具不明顯鈍鋸齒，有半透明油點；葉柄有窄翼，頂端有關節。花單生或數朵叢生於枝端及葉腋，花萼杯狀，5裂，花瓣5片，呈白色或帶有淡紅色，綻放時向上反捲；雄蕊15至30枚，長短不一，花絲常3至5個一組；雌蕊1枚，子房圓形，柱頭頭狀。柑果近球形或扁球形，果皮容易剝離，囊瓣約7至12，柔軟多汁。種子卵圓形，呈白色或黃棕色，一端尖一端渾圓，數粒至數十粒，某些品種無籽粒。

別名　椪柑、柑橘、柑仔
產地　中國江蘇、安徽、浙江、江西、湖北、湖南、廣東、廣西、海南、四川、貴州、雲南及台灣

葉片披針形或橢圓形

囊瓣約7至12，柔軟多汁。

株高約3至4公尺

用途

果實：味甘、酸，性溫，無毒；果皮：味苦、辛，性溫，無毒；種子：味苦，性平，無毒；葉：味苦，性平，無毒。效用：潤肺、開胃、利水、下氣、消食。主治：腰痛、疝氣、解酒、傷寒、霍亂吐瀉、反胃嘔吐、失聲、久咳。

附註：風寒咳嗽及有痰飲者不宜食用。

收錄：果之二　《本經》上品　　　　　利用部分：果實、陳皮、未熟果皮、瓤上筋膜、種子、葉

| 芸香科 | 柑橘屬 | *Citrus trifoliata* L. |

枳殼 (本草名：枳)

　　成語「南橘北枳」與「淮橘為枳」都指出：橘樹若栽種在淮南就是橘，過了淮水栽種卻變成了枳，味道完全不一樣。兩句成語意味：同樣事物會因環境不同而發生改變，像是人的習性也會由好變壞。不過，橘和枳其實屬於兩種不同植物，橘為橘屬，枳為枳屬，並不因栽種地方不同而成為另外一種物種。橘和枳兩者外型相像，但枳比橘小，味道也較酸。

特徵　為灌木或小喬木，植株高5至7公尺。莖多分支，扁壓狀，有稜角，莖枝具棘刺。葉互生，三出複葉，革質；葉片長橢圓形，先端短而鈍，全緣或有不明顯的波狀鋸齒，兩面無毛，具有半透明油點，背脈明顯。花期四至五月，總狀花序，亦有單生或簇生於葉腋內；花瓣5枚，呈白色，略反捲。柑果圓形而稍扁，成熟時橙黃色，具芬芳香味，果皮粗糙，十一月果熟。

別名　枳實、鐵籬寨、野橙子
產地　中國

花白色，略反捲。

葉互生，三出複葉，革質。

株高5至7公尺

莖枝具棘刺

用途
味苦、辛，性微寒，歸脾、胃、大腸經。破氣除痞，化痰稍積。

收錄：木之三　《本經》中品　｜　利用部分：果實

芸香科	吳茱萸屬	*Tetradium ruticarpum* (A.Juss.) T.G.Hartley

吳茱萸 (本草名：吳茱萸)

　　相傳吳茱萸原生長於吳國，稱為「吳萸」，後因有朱姓大夫用此草藥救了楚王，為了感念朱大夫，故將吳萸改名為「吳茱萸」，並號招國人廣為種植。吳茱萸喜歡生長在溫暖濕潤的氣候，不耐寒冷、乾燥。培育時，宜選擇陽光充足、土層深厚、疏鬆肥沃、排水良好的砂質壤上和腐殖質壤土為宜。

特徵　吳茱萸為落葉灌木或小喬木，植株高約2至5公尺左右。幼枝、葉軸、小葉柄均密被黃褐色長柔毛，單數羽狀複葉，對生；小葉2至4對，橢圓形至卵形，小葉先端尾尖。花單性，雌雄異株，花朵小小的，呈黃白色，具有5萼片，外側密披淡黃色短柔毛；花瓣5枚，長圓形，內側密被白色長柔毛。蒴果扁球形，長約3公分，直徑約6公分，熟時紫紅色，表面有腺點，每心皮有種子1枚，卵圓形，黑色，有光澤。春夏之際為花期，夏秋之際為果期。

別名　吳萸、臭泡子
產地　中國長江以南地區及東喜馬拉雅地區

小葉柄均密被黃褐色長柔毛

單數羽狀複葉，對生。

株高約2至5公尺左右。

用途
味辛、苦，性熱，有小毒。歸肝、脾、胃、腎經。有散熱止痛、降逆止嘔之功，用於治療肝胃虛寒、陰濁上逆所致的頭痛或胃脘疼痛等症。

收錄：果之四　《本經》中品	利用部分：葉、枝、根、白皮

| 芸香科 | 花椒屬 | *Zanthoxylum ailanthoides* Siebold & Zucc. |

食茱萸 (本草名:食茱萸)

　　芸香科的植物多帶刺,食茱萸更是渾身是刺。除了其莖、幹和分枝布滿瘤刺,食茱萸的嫩芽和小葉中肋也有尖刺,無怪呼又戲稱為「鳥不踏」。此外,食茱萸全株具香蔥味道,又稱「紅刺蔥」,能發出香辛氣味,是重要調味品,古來與花椒、薑並列為「三香」。

特徵　屬於落葉喬木,植株高15公尺,樹幹上常有圓環狀凸出的尖刺,樹皮為灰褐色。羽狀複葉,互生,基部圓至心形,邊緣具淺圓鋸齒,齒縫處有透明腺點,下面灰白色粉霜狀。花期七至八月,雌雄異株;聚繖花序頂生,密花,花綠黃色;萼小,呈半圓形;花瓣5片。果期十至十一月,果實乾果球形,直徑5至6公釐,心皮3枚,熟時開裂。種子漆黑色,卵形,先端尖銳。

別名　刺江某、鳥不踏。

產地　中國、日本、韓國、台灣

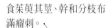

食茱萸其莖、幹和分枝布滿瘤刺。

邊緣具淺圓鋸齒

羽狀複葉,互生。

用途

味辛、苦,性溫,有毒。溫中,燥濕,殺蟲,止痛。治心腹冷痛、寒飲、泄瀉、冷痢、濕痹、赤白帶下、齒痛。

收錄:果之四　《唐本草》　　　　　　　　　利用部分:果實

苦木科	臭椿屬	*Ailanthus altissima* (Mill.) Swingle

臭椿 (本草名：椿樗)

　　香椿和臭椿的外型相似，然而氣味卻天差地別。兩者可從幾處判別：1.香味：顧名思義，香椿的味道芬芳，而臭椿的味道則令人掩鼻。2.樹幹：香椿的樹幹挺直，臭椿則歪歪斜斜。3.葉子：香椿葉根部是淺綠色，葉梢部呈黃褐色，而臭椿葉根部則是深綠色，葉梢部是灰綠色。另外，香椿葉的邊緣有稀疏鋸齒，而臭椿葉則無鋸齒。雖然香椿和臭椿有所區別，但是同為中藥重要的椿白皮來源，兩者藥性差別不大。

特徵　落葉型喬木，高度在17至25公尺左右，壽命不長，少有活過50年。複葉長45至60公分，具小葉13至25葉，全緣。花小，單性或是雜性。果為1至5個長橢圓形的翅果。種子1顆，生於翅的中央。

別名　椿皮、樗白皮

產地　原產於台灣和中國海南、西北及東北以外的地區。

單數複葉，全緣。

株高約17至25公尺左右。

用途
味苦、微辛，性微溫。止婦人白帶、崩血，止大腸下血。治赤白便濁、各種氣痛寒痛。

| 楝科 | 香椿屬 | *Toona sinensis* (Juss.) M. Roem. |

香椿（本草名：椿樗）

　　椿樗，香者為椿、臭者為樗，香者也就是近年甚為盛行的香椿。香椿具有樹上蔬菜的美稱，由此可知香椿時常入菜。每年春季過後，香椿樹發的嫩芽帶紫紅或紅褐，具香味，常為人食用，市面上也可以常見香椿醬，拌麵配飯都好吃。早期香椿也常用來作為打樁用的木材。

特徵　落葉性喬木，植株可以達25公尺，樹幹粗大直立，適合打樁。多為羽狀複葉，長50多公分。單性、兩性或雜性花，花色為白色，花期7月，開花後結金黃色卵形的漿果或蒴果。種子具翅，種翅生於種子上方。

別名　香椿樹、豬椿

產地　從韓國南部到中國東部、中部和西南部，再到尼泊爾、印度東北部至東南亞地區。

花色為白色

羽狀複葉

株高可以達25公尺。

用途
性涼，味苦平；入肺、胃、大腸經。功效清熱解毒，健胃理氣，潤膚，明目，殺蟲。

| 收錄：木之二　《唐本草》 | 利用部分：葉、根皮 |

楝科	楝屬	*Melia azedarach* L.

苦楝 (本草名:楝、金鈴子)

　　苦楝的名稱由來是其樹皮、木材和果實味道極苦。苦楝的木材適合用來製作傢具,而種子供藥用,稱為「金鈴子」。相傳明朝開國皇帝朱元璋曾在苦楝樹下打眠,當時樹上掉落許多苦楝子在他的臭頭上,打得他直罵:「你這個可憐壞心的東西,你會爛心死過年。」這說明了每當新歲交替之際,苦楝樹全株呈現枯死的樣子,同時樹的主幹也容易腐爛。

特徵　落葉喬木,高約10公尺。樹幹通直,樹皮灰褐色,具有深縱裂紋。葉為二回奇數羽狀葉,葉序大葉互生、小羽片對生。花為春季開花,花朵呈淡紫色,有特殊氣味,腋生。果實為核果,夏末結果,剛開始為綠色,秋天成熟時會轉為黃色,其木質化內果深受白頭翁喜歡。

別名　楝樹、苦苓、森樹

產地　印度北部至東南亞及熱帶澳洲,包含日本、中國和台灣。

花淡紫色,有特殊氣味。

葉緣鋸齒

苦楝的名稱由來是其樹皮、木材和果實味道極苦。

用途
味苦,性寒,有小毒。其果實可以主治蟲積、疝痛,根皮可驅蛔蟲。
附註:根皮、莖皮有毒,誤食會嘔吐、腹痛、暈眩、抽搐,以致麻痺而死。

收錄:木之二　《本經》下品	利用部分:果實

無患子科	龍眼屬	*Dimocarpus longan* Lour.

龍眼 (本草名：龍眼)

　　龍眼因果實似龍的眼睛而得名，為中國南方的水果，多產於兩廣地區。龍眼與荔枝、香蕉、菠蘿同為華南四大珍果。龍眼和荔枝同屬無患子科植物，兩者產區大致相同。新鮮的龍眼烘成乾果後即是桂圓，常入中藥或成為食材。

特徵　為常綠喬木，是長壽樹，正常結果期可達百年。高約5至10公尺左右，春末夏初開黃白色細長花，果實七月成熟，像葡萄般結穗，每一串大約二、三十棵。核果球形、外皮土色，假種皮白色透明，肉質多汁、甘甜如蜜，內有果核，為紅黑色。

別名　龍眼果、桂圓、福圓
產地　亞洲熱帶地區

羽狀複葉，互生。

核果球形，外皮土色。

高約5至10公尺左右

用途

味甘，性平，無毒。主治：治療厭食與食慾不振，並可驅除腸內寄生蟲和血吸蟲。補心脾，益氣血，健脾胃，養肌肉。思慮傷脾、頭昏、失眠、心悸怔忡。

附註：龍眼吃多了會口乾或引起濕熱，不宜多吃。

收錄：果之三　《本經》中品	利用部分：果實、種子

無患子科	荔枝屬	*Litchi chinensis* Sonn.

荔枝 (本草名：荔枝)

　　相傳荔枝是唐朝楊貴妃相當喜愛的水果。其果肉除了富含豐富的蔗糖和葡萄糖，也含蛋白質、脂肪、維生素C及檸檬酸等。台灣的荔枝早年由中國引進，為夏季重要的經濟作物，以黑葉品種為主要栽培、荔枝果實呈心臟形，果皮暗紅色，成熟後的果棘較平滑。

特徵　荔枝為雙子葉喬木，高約5至10公尺，枝葉繁茂，終年綠葉，雙數羽狀複葉互生，葉片呈披針形或矩圓狀披針形。春季開綠白色或淡黃色小花，夏季結果；果子為球形，果皮呈暗紅色，有小瘤狀突起，剝開後可見一層薄膜將果肉包裹；果肉白色帶透明感、厚實、多汁，內有棕黑色種子1枚。

別名　丹荔、紅荔

產地　台灣、中國、越南、泰國等亞熱帶地區都有

花綠白色或淡黃色

雙數羽狀複葉互生，披針形。

高約5至10公尺左右

用途

根部：味微苦、澀，性溫；果肉：味甘、酸，性溫；果核：味甘、澀、微苦，性溫。主治：根可消腫止痛；果肉益氣補血、用於病後體弱、脾虛久瀉、血崩；果核可理氣、散結、止痛，用於疝氣痛、睪丸腫痛，胃痛，痛經。

附註：荔枝果肉雖溫，但吃多了仍會上火，宜節制食用。

收錄：果之三　宋《開寶》	利用部分：果實、種子、果殼、花、根皮

| 無患子科 | 韶子屬 | *Nephelium lappaceum* L. |

紅毛丹 (本草名：韶子)

　　紅毛丹又稱為「毛荔枝」，顧名思義是長毛的荔枝。紅毛丹結果時確實像荔枝，只是外有軟刺，剝開後內部像荔枝、味道也像。市面上的紅毛丹多半是進口，台灣亦有栽種，主要在中、南部地區。

特徵　常綠喬木，高10至20公尺，樹幹粗大多分枝，樹冠開張。葉呈深綠色，羽狀複葉，互生，葉子連柄長約30公分，具小葉2至3對；小葉葉片呈橢圓形。春季開花，花小，單性異株，具短柄。夏季果熟，果實呈球形、長卵形或橢圓形，串生於果梗上，密被軟刺，表呈黃色，果肉為白色，柔軟而爽脆，酸甜似荔枝，可口清香。

株高10至20公尺。

別名　毛龍眼、毛荔枝
產地　東南亞原產，廣泛栽植於其他熱帶地區，包括中國廣東、廣西、雲南等地。

羽狀複葉，互生。

果實密被軟刺，表呈黃色。

果實熟時呈紅色

用途

味甘，性溫，無毒。主治：暴痢、心腹冷，果殼、消炎殺菌。治口腔炎、痢疾，洗潰瘍。

附註：多食易上火，口乾舌燥、青春痘、便秘等熱症現象者，不宜多吃。此外，紅毛丹容易腐敗，買來後應盡快吃完。

| 收錄：果之三　《本經》中品 | 利用部分：果實、種子 |

無患子科	無患子屬	*Sapindus mukorossi* Gaertn.

無患子 (本草名：無患子)

　　無患子現在是相當普遍的天然清潔用品主成分。在過去肥皂還不發達的年代，無患子是最常被利用的清潔劑。其果皮富含皂素，稍微搓揉就會產生泡沫，能用來洗滌。無患子同時也是製作念珠的材料之一。此外，古時相傳以無患子木材做成的棒子能夠驅鬼，因此稱為「無患」。

特徵　落葉喬木，高約15公尺，莖光滑。羽狀複葉，小葉數目約8至16，卵形至披針形，葉基歪斜，先端尖圓，全緣，冬季葉片轉黃。花期初夏，黃白色的小花朵、圓錐花序、頂生，花同株、異株或雜性。核果球形，熟時類似龍眼有黃褐色的外殼，故有「假龍眼」之稱。單一種子、黑色，外披硬膜質的種皮。

別名　木患子、菩提子、鬼見愁、肥皂果樹、假龍眼
產地　印度、中國、日本、台灣

種子黑色，外披硬膜質的種皮。

葉基歪斜

羽狀複葉，卵形。

株高約15公尺，莖光滑。

用途
性平，味苦。主治：清熱、祛痰、消積、殺蟲。用於喉痺腫痛、咳喘、食滯、白帶、疳積、瘡癬、腫毒。

| 橄欖科 | 橄欖屬 | *Canarium album* (Lour.) DC. |

橄欖 (本草名：橄欖)

　　橄欖很早就自中國引進台灣，為台灣特殊的水果之一。橄欖富含蛋白質、脂肪、鈣、磷、鐵等礦物質以及維生素C，可生食亦可醃漬。生食時初嚼覺得澀，隨後轉為甘甜。國人多將橄欖醃漬為蜜餞或乾果，全臺各地均有販售。其種子可以榨橄欖油，屬於多用途的水果。

特徵　橄欖為常綠喬木，高約12公尺以上，樹冠濃密，適合當作庭栽樹種。嫩枝有褐色短毛，葉子為奇數羽狀複葉，革質。夏季開花，花呈黃白色，頂生或腋生圓錐花序，花雖小但是由數百朵集結而成，非常壯觀。開花後結長卵形核果，長約3公分。果實夏季至秋末採收，果實成熟時為黃綠色，內有梭形硬核1枚。

別名　青果、黃欖、白欖
產地　中國南部、台灣

奇數羽狀複葉，革質。

果實成熟時為黃綠色

株高約12公尺以上

用途

味酸、澀、甘，性溫，無毒。無論生食或是煮熟飲用，都可以解酒醉和解河豚毒，另可生津止渴，能治喉嚨痛。

附註：食用時應注意，因果核堅硬，咬時不可太過用力，以免損傷牙齒。

收錄：果之三　宋《開寶》　　　　　　　　利用部分：果仁、核。

| 鳳仙花科 | 鳳仙花屬 | *Impatiens balsamina* L. |

鳳仙花 (本草名:鳳仙)

鳳仙花的花形,頭、翅、尾、足,翹翹然如鳳狀,故名。相傳在宋光宗時,因李后諱「金鳳」,所以宮中都改稱鳳仙花為「好女兒花」。此外,鳳仙的得名還與一則傳說有關。從前有個叫鳳仙的女孩與寡母相依為命,有天她上山砍柴時,手不慎被樹幹壓傷,手指腫起,連指甲都變黑了。鳳仙為了家計,隔天仍照常上山砍柴,卻連柴刀也拿不動,不禁放聲大哭。突然,一位仙女出現對她說:「鳳仙妹妹,西邊山上有仙草,是鳳凰從蓬萊山嚐來的種子發芽長成的。你用那仙草熬水洗手,就能治好手腫;用它的花搗碎敷指甲,指甲就不會黑了。」鳳仙照辦,果真手變得又細又嫩,指甲也紅潤有光,豔若塗丹。其他姑娘看了紛紛學她,並稱此仙草為「鳳仙花」。

株高可達90公分

特徵　一年生草本植物,莖肉質,直立粗壯,高可達90公分。葉互生,披針形,邊緣有細鋸齒。花單生,或數朵簇生於葉腋,花冠不規則,有紅、桃紅、淡紫、白、橙及雙色等,並有單瓣、重瓣等品種,唇瓣基部有細管,稱為花距,內有蜜,花期自春末至深秋。蒴果紡錘形,一經碰觸,外果皮即開裂反捲,將種子彈射而出。

別名　指甲花、金鳳花、小桃紅。種子稱:急性子。

產地　原產於印度,中國各地及台灣均有栽培。

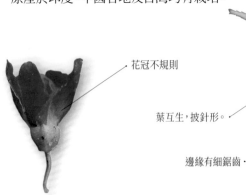

花冠不規則

葉互生,披針形。

邊緣有細鋸齒

用途

子:味微苦,性溫,有小毒;主治難產,骨刺卡喉,可散積塊,透骨、通竅。花:味甘、滑,性溫,無毒;主治蛇傷,另治腰脇疼痛難忍。根、葉:味苦、甘、辛,有小毒;主治雞骨、魚刺卡在喉嚨、誤吞銅鐵、跌打腫痛。另可散血通經,軟堅透骨。

收錄:草之六　《綱目》 ｜ 利用部分:花、根、葉、種子

| 冬青科 | 冬青屬 | *Ilex cornuta* Lindl. & Paxton |

枸骨 (本草名：枸骨)

　　枸骨常做為園藝景觀，枝條可作為插花用的花材。以根皮、葉及果實入藥，味道苦澀，根可減緩風濕和止痛，葉可緩和肺結核潮熱，咳嗽吐血的症狀。果實則可治療慢性腹瀉和婦女白帶症狀。

特徵　常綠灌木或小喬木，幼枝外型有縱脊及溝，樹齡較久的枸骨枝條轉為灰白色。葉是單葉，互生，厚革質，葉外形為四角狀長圓形或卵形，葉前端平圓，有3處刺尖，基部各邊亦有刺1至2枚；唯老樹葉片尖刺不明顯；葉緣有稜，葉表面呈有光澤的暗綠色，背面略淡。花朵為小形黃綠色，簇生於葉腋內，花序叢生或短柄的繖形花。球形果實成熟後呈紅色，花果期常在夏秋兩季。

附註　枸骨植株有長刺，勿讓兒童觸摸，以免受傷。

別名　中國冬青、功勞葉、枸骨冬青

產地　原產於中國華東及韓國，台灣引進栽植。

葉緣有稜，葉表面呈有光澤。

葉外形為四角狀長圓形

單葉，互生，厚革質。

枸骨常做為園藝景觀，枝條可作為插花用的花材。

用途
根：味苦，性涼；葉：味苦，性涼；果：味苦澀，性微溫。根：入藥主治風濕、關結酸痛；葉：可滋陰清熱，補腎壯骨。對於肺結核潮熱的症狀可減緩咳嗽吐血；果實：可治白帶過多等症狀。

| 收錄：木之三　《綱目》 | 利用部分：樹皮、枝葉 |

黃楊科	黃楊屬	*Buxus sinica* (Rehder & E.H.Wilson) M.Cheng

黃楊 (本草名：黃楊木)

　　黃楊的生長速度較其他樹種緩慢，民間又俗稱為「千年矮」。然而，黃楊的木質佳，細密堅硬，樹齡年長的木材顏色會呈深咖啡色，且木頭本身所顯露的光澤讓收藏家傾心，常用於木藝品。黃楊的樹姿優美，也用於製作盆景，因生長緩慢而顯得更格外珍貴。

特徵　為常綠小喬木，樹幹上的枝條呈四棱形，栓皮上有剝裂，幼嫩的枝條或芽的外鱗生有短毛。葉片質地為革質，葉型呈橢圓或倒卵形，全緣葉，其葉的前端偶有微凹，葉片背面主脈的基部和葉柄具有微微的細毛；葉序對生。花單性，穗狀花序，雌花多生長在花序的上端處，黃綠色的花簇生於葉腋或枝條端，萼片6枚，排成2列；花期於春末。圓球形的蒴果由3心皮發育而成，沿著心皮具3個瓣裂，果實成熟時轉橙紅色。

別名　山黃楊、千年矮

產地　中國

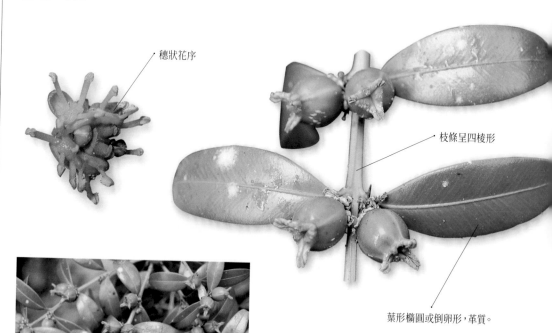

穗狀花序

枝條呈四棱形

葉形橢圓或倒卵形，革質。

黃楊的生長速度較其他樹種緩慢，民間又俗稱為「千年矮」。

用途

性平，味苦，無毒。莖、枝條或是葉片曬乾後，煎湯、浸酒或外用，可祛風濕、調理體內精氣、止痛，也用於跌打損傷的治療。

收錄：木之三　《綱目》

利用部分：：葉、枝條、莖。

鼠李科	棗屬	*Ziziphus jujuba* Mill.

大棗 (本草名：棗)

　　中國五果分別為：桃、李、栗、杏、棗，大棗便是其中之一，被視為重要水果。大棗不僅可以鮮食，也能製成乾果、蜜餞。由於大棗營養豐富，富含各種維生素、蛋白質、脂肪、醣類，自古便是華人的保健聖品，對於高血壓、心血管疾病等慢性病患者，可說是相當好的保養食品。

特徵　多年生落葉喬木。枝幹有長枝和短枝，長枝呈「之」字形曲折。葉互生，葉片為長橢圓形至卵形或卵狀披針形，鋸齒緣；先端微尖或鈍，基部歪斜，基出3脈，托葉成刺狀，長刺直伸，短刺鉤狀。花小，花冠黃綠色，萼片5枚，花瓣5片，條形；雄蕊5枚，和花瓣對生，心皮2枚，合生；子房上位，2室，每室1胚珠；通常8至9朵簇生於葉腋，成聚繖花序。核果呈長橢圓形，未成熟時為黃色，成熟後呈暗紅色，果核兩端尖，內包1枚種子。

別名　無刺棗、紅棗

產地　中國山西、河北、安徽、山東、河南、陝西、甘肅及台灣

葉互生，長橢圓形，鋸齒緣。

核果成熟後呈暗紅色

核果呈長橢圓形，未成熟時為黃色。

年生落葉喬木。

用途

果實：味甘，性平，無毒；葉：味甘，性溫，微毒；心材：味甘、澀，性溫，有小毒。效用：補中益氣、養血、安神。主治：痱子、反胃、嘔吐、便祕、咳嗽、鼻塞、高血壓、慢性心血管疾病、失眠、貧血。

收錄：果之一　《本經》上品　　利用部分：果實、種仁、葉、心材、根、樹皮

| 葡萄科 | 烏斂莓屬 | *Cayratia japonica* (Thunb.) Gagnep. |

烏斂莓 (本草名：薕烏薕莓)

　　烏斂莓的葉片是掌狀複葉，有五小葉排列成五指狀，邊緣有鈍鋸齒，看似龍爪，因此有「五爪龍」的別名。嫩芽可以食用，但帶有一股辛辣味，只要先用鹽水浸泡，除去辛辣味後再清炒，便是一道美味的野菜。

特徵　多年生蔓性草本植物。莖基木質化，幼嫩時帶紫褐色，卷鬚二分叉，與葉對生。二回羽狀複葉，奇偶互生，小葉有羽片1至2對，掌狀複葉，五小葉成鳥足狀，葉形為長橢圓卵形，葉基漸狹楔形，葉緣粗鋸齒狀，正反葉面平滑，紙質，中肋有疏毛，有5至7對羽狀側脈，葉色正面綠色，內葉帶紫色，背面淺綠色，葉柄5至15公釐，葉拖極小，葉長4至7公分，寬2至4公分，嫩枝頂部有卷鬚，幼嫩部分帶紫色被稀疏短毛，卷鬚與複葉對生，卷鬚為二岐狀。花序為聚繖花序，花冠徑5公釐，4單瓣，約50至60朵小花，花呈綠白色，萼片4裂，開花時整樹上遍布花朵。果實圓球形，內有三角形種子3至4顆。

別名　五葉莓、虎葛、母豬藤

產地　印度、中南半島、東南亞至澳洲，包含中國大部分地區、日本、韓國及台灣等地。

掌狀複葉，葉面平滑，紙質。

聚繖花序

葉緣粗鋸齒狀

多年生蔓性草本植物

用途

味酸、苦，性寒，無毒。效用：清熱、解毒、活血、化瘀、止血、利濕、消腫。主治：小便尿血、跌打損傷、咽喉腫痛、目翳、黃疸、風濕關節痛、咯血、白濁、痢疾、腮腺炎、丹毒、癰瘡腫毒、毒蛇咬傷。

| 收錄：草之七　《唐本草》 | 利用部分：地上部分 |

| 葡萄科 | 葡萄屬 | *Vitis heyneana* Schult. subsp. *ficifolia* (Bunge) C.L.Li |

細本葡萄 (本草名：蘡薁)

　　山葡萄屬落葉藤木，其味道和葡萄相似，只是形狀較小，目前台灣野外已經難找到野生品種。山葡萄的果實可釀酒，枝葉可做中藥，做中藥時也稱「野葡萄藤」，可治小便不利。

特徵　為多年生木質藤蔓落葉植物，枝條細長有稜角，嫩枝上有咖啡色或是灰色絨毛，捲鬚先端不分支。單葉互生，葉呈掌狀，有三到五個深裂，緣有鈍鋸齒，葉背密生有灰白色綿毛。花期春末夏初，早春開花，圓錐花序或聚繖狀穗狀花序，與葉對生。冬天結果，漿果球形，成熟時紫黑色，內藏種子2至3粒。

別名　細本山葡萄、細葉山葡萄
產地　台灣、中國、韓國、日本

葉呈掌狀，緣有鈍鋸齒

多年生木質藤蔓落葉植物

圓錐花序或聚繖狀
穗狀花序

用途
味酸、甘、澀，性平。清熱解毒，祛風除濕。用於肝炎、闌尾炎、乳腺炎、肺膿瘍、多發性膿腫、風濕性關節炎；外用治瘡瘍腫毒、中耳炎、蛇蟲咬傷。

| 收錄：果之五　《綱目》 | 利用部分：果實、根、藤 |

葡萄科	葡萄屬	*Vitis vinifera* L.

葡萄 (本草名：葡萄)

　　人類很早之前就知道葡萄可食用，並以葡萄釀酒，製成美味的葡萄酒，尤以法國、澳洲和美國等地為名。葡萄除了可以當水果，其果實亦有多處用途，例如製果醬、葡萄乾、榨汁等等。葡萄內含大量的葡萄糖，血糖低的人可多食，能迅速補充血糖。目前台灣生產大多為紫紅或黑紫的「巨峯」品種，果粒大而甜度高，是深受國人喜愛的水果。

特徵　為落葉型的藤本植物，長達10公尺，具捲鬚，呈二叉狀分之，與葉對生。葉互生，葉片為圓卵形或圓形，常3至5裂；基部心形，邊緣有粗而稍尖銳的齒缺，下面常密被蛛絲狀綿毛。花期六月，花瓣5枚，呈黃綠色。果期九至十月，果子為漿果，呈圓形，結果累累聚生成串，每個果子果徑約1.5公分，依品種不同而有差異；未成熟時呈綠色，熟時轉為紫黑或紅青，略帶半透明狀，味道酸甜富汁液。

別名　草龍珠、山葫蘆、蒲桃

產地　世界各地

結果累累聚生成串

為落葉型的藤本植物，長達10公尺。

邊緣有粗而稍尖銳的齒缺

基部心形

用途

味甘；酸，性平。補氣血，強筋骨，利小便。主氣血虛弱、肺虛咳嗽、心悸盜汗、煩渴、風濕痹痛、淋病、不腫、痘疹不透。

收錄：果之五　《本經》上品　｜　利用部分：果實、根、藤、葉

錦葵科	蜀葵屬	*Alcea rosea* L.

蜀葵 (本草名：蜀葵)

　　蜀葵的屬名*Alcea*，由希臘文alkaia而來，為錦葵的一種；種小名*rosea*，則是形容它的姿色像薔薇、玫瑰般可愛。蜀葵又名一丈紅，是因為開花時期花鮮紅一片。但看過《甄嬛傳》對於「一丈紅」卻有另一種深刻的印象，劇中華妃利用「一丈紅」教訓夏常在，那種場景讓人觸目驚心。這是古代於後宮用來懲罰犯錯的妃嬪宮人的一種刑罰，是取兩寸厚五尺長的板子責打女犯腰部以下的位置，以「一丈紅」形容遠遠看去血跡斑斑的畫面。蜀葵在歷史上是有名的美花，在植物俗名的一丈紅背後卻有著不同的寓意，這也是另類的穿越時空的聯結。

特徵　多年生草本，高可達2.5公尺，全株密被剛毛，莖木質化，直立，多不分枝。單葉互生，圓鈍形或卵狀圓形，偶呈5至7淺裂，長6至25公分，寬13至19公分，先端鈍圓，基部心形，圓齒緣，掌狀脈5至7條；葉柄長5至15公分，具毛茸。花大單生於葉腋，呈總狀花序，有紅、紫、白、黃及黑紫各色，單瓣或重瓣，直徑6至9公分；小苞片6至7枚，基部合生，先端急尖，內被長柔毛；花萼鐘狀，呈5裂，裂片卵形。果實扁球形，直徑約3公分。

別名　一丈紅、熟季花、麻杆花、戎葵、吳葵、胡葵
產地　中國西南地區

花高度可達3公尺，古時候一丈高約為3公尺故又名一丈紅。

蜀葵為總狀花序花色多樣

用途

苗味甘、微寒、無毒、滑；花味鹹、寒、無毒；子味甘、冷、無毒。苗主治除客熱，利腸胃。煮食，治丹石發，熱結。作蔬食，滑竅治淋，潤燥易產。搗爛塗火瘡，燒研敷金瘡。根莖主治客熱，利小便，散膿血惡汁。子主治淋澀，通小腸，催生落胎，療水腫，治一切瘡疥並瘢疵赤靨。

錦葵科	木槿屬	*Hibiscus mutabilis* L.

木芙蓉 (本草名：木芙蓉)

　　木芙蓉的花朵在清晨綻放時呈白色或粉紅色，午後至傍晚時，花色轉為淡紅色或紫紅色。因花色多變，故又稱為「三變花」。木芙蓉不畏霜侵，又稱「拒霜花」或「霜降花」。木芙蓉花型艷麗且大，常做觀賞植物　，花可食用。木芙蓉的質地輕軟，可將莖部製成木屐。

特徵　植株為灌木或喬木，全株具星狀毛。單葉的葉前端銳尖，基部似心形；葉子上具疏殊生長的星狀毛，葉背面密生著柔毛，葉緣有疏粗鋸齒，基生脈數約7至9條，葉脈在表面呈凹陷，於背面隆起；葉片的質地為紙質。木芙蓉的花為單生於葉腋，花色多變，開花時花的直徑可長至10公分以上，花柄長約5至8公分，呈圓柱狀；鐘形花萼的前端明顯5裂，花萼前端銳尖，副花萼的長度不到花萼合生成圓筒的一半；花瓣形近圓形，雄蕊多數，花藥1室。扁球形的蒴果外表遍佈剛毛，有5瓣裂，果期約在冬季。種子呈褐色，形狀似腎臟，基部叢生毛茸。

別名　芙蓉、三變花
產地　台灣及中國南部

植株為灌木或喬木，全株具星狀毛。

花色多變

葉前端銳尖，基部似心形。

用途
味微辛，性涼。全株的功效為清熱解毒，涼血，消腫排膿。

收錄：木之三　《綱目》	利用部分：葉、花

錦葵科	木槿屬	*Hibiscus rosa-sinensis* L.

朱槿 (本草名:扶桑)

朱槿植株為常綠灌木或喬木,生長速度快速,種子的萌發力強,抗乾燥性強,也可耐修剪,常做綠化或防風用。台灣全年都是朱槿的花期,朱槿是馬來西亞國花,也是夏威夷的州花。

原種花色為紅

特徵 植株為常綠灌木或喬木,具許多分枝,枝葉繁茂。葉片為單葉,外型約呈卵形,葉長約3至8公分,葉寬約1至5公分,葉緣具粗鋸齒,鋸齒尖端均為葉脈頂端;葉質地為紙質,葉序為互生,掌狀葉脈,葉背的葉脈上有少許疏毛。扶桑花多為單生,花瓣5片,具6公分左右的花柄,原種花色為紅,經培育後顏色甚多;鐘形花萼前端有裂片5枚,副萼片呈線狀披針形,約10枚;具許多雄蕊着生於雄蕊筒上,具球狀的花粉粒;雌蕊1枚,子房縱切後可見許多胚珠,花柱甚長,具5枚圓球形的柱頭,柱頭上有絨毛和黏液,黏液可黏住花粉和促進花粉萌芽。果實為蒴果,但生長於台灣者多數不結果實,幾乎以扦插法或嫁接繁殖。

別名 燈籠仔花 (臺語)、中國薔薇、桑槿

產地 中國華南地區、台灣、印度、東非

▲培育後顏色甚多

台灣全年都是朱槿的花期。

葉緣具粗鋸齒,鋸齒尖端均為葉脈頂端。

用途
花:味甘,性寒;葉:味甘,性平;根:味澀,性平。花、根入藥可清肺化痰,涼血。葉外用可治腫瘡。

收錄:木之三 《綱目》	利用部分:葉、花

錦葵科	木槿屬	*Hibiscus syriacus* L.

木槿（本草名：木槿）

　　木槿為容易栽植和繁殖的植物，可作為綠化觀賞用，其花朵可食用，而樹皮含有許多纖維，可製作繩索。木槿會在清晨時綻放花朵，直到夜晚凋謝，故被叫做「朝開暮落花」。此外，木槿也為韓國的國花。

原生種花瓣數5

特徵　植株為落葉性灌木，冬天會落葉以減少水分蒸散，溫度回暖的春天會再萌發新葉。葉型呈菱狀卵形，葉緣具三個較明顯圓尖形的淺裂，葉片上生有三條較明顯的主脈。葉片質地呈紙質，葉片兩面稀疏地生長著星狀毛。因人工育種之故，花色多變，可呈淡紫、粉紅或白等色。花瓣呈倒卵形，原生種花瓣數5枚，人工育種培育出重瓣者；雄蕊基部連合生成筒狀，包圍花柱；雌蕊具5條花柱。果實為長圓筒形的蒴果長圓筒形，外皮具有金黃色的星狀毛。

別名　水錦花、白水錦（台灣）、藩籬花、清明籬

產地　東亞、中國華中地區、台灣

▲花色多變

葉緣具三個圓尖形的淺裂

有三條較明顯的主脈

用途
花：味甘，性平；根皮：味甘，性微寒；莖皮：味甘微苦，性涼；果實、種子：味甘，性平；葉：味苦，性寒。花入藥可清熱涼血，消腫。莖皮、根皮入藥可清熱利濕，止癢。種子入藥可化痰。

收錄：木之三　《日華》	利用部分：莖皮、根

木棉科	木棉屬	*Bombax ceiba* L.

木棉 (本草名：木棉)

　　木棉開花時，會有吸取花蜜的鳥類前來幫助木棉授粉。果實成熟後，蒴果迸裂，種子與棉絮四散。因棉絮纖維不夠長，從前做為棉被、枕頭等填充物，現今較無人使用。應注意的是，棉絮可能造成呼吸道較弱的人發生過敏現象。

特徵　主要生長在熱帶及亞熱帶地區，為落葉大喬木，樹皮上具瘤刺以防止動物侵擾。早春先開花，後來才長葉片，開花所需的能量靠前一年所累積的養分。木棉的枝條為輪生向四方水平伸展，葉序互生。花序為單生葉腋或頂生於枝條，橙紅色的花朵由5瓣肉質花瓣組成，其上有少許細毛；花萼褐色。長橢圓形的蒴果成熟時沿心皮的五條縫合線裂開，裡面有棉絮包裹著許多黑褐色圓形小種子，風力會協助種籽隨風傳播。

附註　古書所載的木棉，常與錦葵科棉屬植物混淆不分。

別名　英雄樹、瓊枝

產地　印度、爪哇、印度尼西亞、中國華南地區。

橙紅色的花朵由5瓣肉質花瓣組成

葉呈掌狀開裂

早春先開花，後來才長葉片。

用途
花：味甘，性涼；根：味微苦，性涼。有助清熱，解暑。木棉樹皮有祛風除濕、活血消腫的功用。

收錄：木之三　《綱目》	利用部分：種子油、棉絮

梧桐科	梧桐屬	*Firmiana simplex* (L.) W.Wight

梧桐（本草名：梧桐）

　　梧桐對二氧化硫等氣體有較好的耐受力，因此適合當行道樹。不過梧桐除了適合用來當行道樹外，也是常見的庭園觀賞樹。此外，梧桐亦適合當作木材，像是蒸籠所用的木材就是用梧桐樹。而梧桐一葉落，天下盡知秋，也點出了梧桐落葉的特性。

株高可達20公尺，淡綠色的樹皮光滑。

特徵　落葉大喬木，喜好溫暖日光強的地方，樹幹高可達20公尺，淡綠色的樹皮光滑。葉心狀圓形，掌狀3至5裂，具有長柄；葉背具銀褐色星狀毛。花期六至七月，花小，兩性，黃綠色，頂生圓錐花序；花萼5深裂，不具花瓣。果熟為十至十一月，黃褐色蓇葖果，膜紙質，有柄，成熟前開裂為五片葉狀；每一果片邊緣各著生種子3至5粒，大小如豌豆，表面有皺紋。

別名　青桐、桐麻

產地　分布中國華南各省，日本，台灣產於平地山麓。

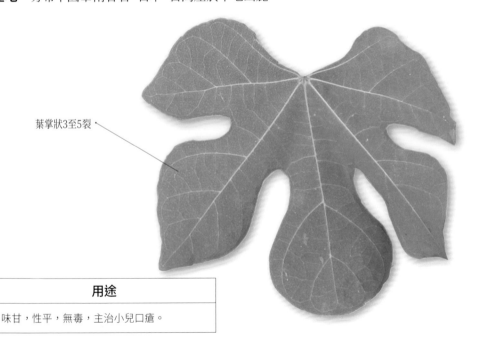

葉掌狀3至5裂

用途
味甘，性平，無毒，主治小兒口瘡。

收錄：木之二 《綱目》	利用部分：莖皮、葉、種子

大風子科	大風子屬	*Hydnocarpus castaneus* Hook.f. & Thomson.

大風子 (本草名：大風子)

　　大風子原產於中南半島。植株樹幹外型高直，細長的枝條呈現下垂。樹葉茂密，形成隱蔽極佳的鳥類棲息環境。植株的種子可以搾油，稱為「大風子油」，是製造痲瘋病重要醫藥的原料之一。其果實不建議食用，因會出現頭暈症狀。取出種子晒乾後，種子可煉油。

特徵　常綠喬木，雌雄異株。葉全緣革質，葉面光滑，葉序為互生，葉形呈披針形或長橢圓形，葉前端略尖，基部鈍且略歪形。花型小，呈粉紅色。具有褐色的球形漿果，夏秋時果實成熟，果實內具有許多種子。

別名　驅蟲大風子、木風

產地　中國廣東、廣西、印度尼西亞或越南、泰國等中南半島國家

大風子原產於中南半島。植株樹幹外型高直。

互生

葉全緣革質，葉面光滑。

用途
味辛，性熱，有毒。主治：祛風燥濕，攻毒殺蟲。
附註：大風子毒性較強，多外用。

收錄：木之二　《補遺》	利用部分：種子

| 菫菜科 | 菫菜屬 | *Viola mandshurica* W. Becker |

紫花地丁 (本草名：紫花地丁)

　　戰國時期，兩位乞丐經常一起討飯，因為感情好，結拜為兄弟。一日，弟弟手指突然長了疔瘡，紅腫疼痛。哥哥便帶著他去藥鋪，卻因沒錢買藥，被老闆趕了出去。哥兒倆只得離開，來到一片開滿了紫花的山野休息。哥哥順手掐了幾朵紫花，在嘴裡嚼了嚼，敷在弟弟手指的瘡上，沒想到疼痛立即減輕，隔天腫痛都全消了。乞丐兄弟依據這種植株的外型如同插在地上鐵釘，又開著美麗的紫花，便給命名為「紫花地丁」。

特徵　多年生草本植物，無地上莖。葉互生，在開花時期為線狀披針形或長橢圓形，花期過後則變為三角狀披針形，紙質或近革質，葉緣淺圓齒狀，葉柄長。單花腋生，花通常深紫色，有時淺紫色或白色，兩側對稱，花瓣5枚，最下面那一枚的基部有距。蒴果橢圓形，光滑無毛，3瓣。

別名　紫地丁、菫菜地丁

產地　千島群島、日本、韓國、中國、台灣中高海拔山區

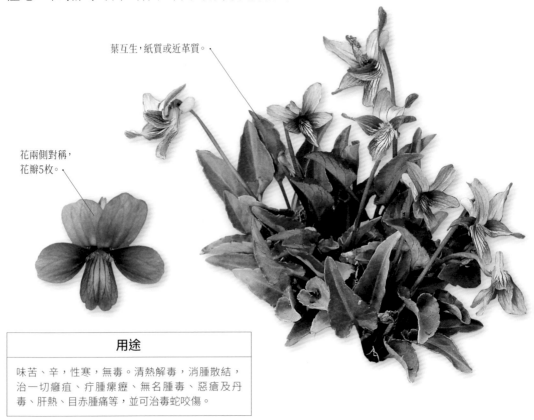

葉互生，紙質或近革質。

花兩側對稱，花瓣5枚。

用途

味苦、辛，性寒，無毒。清熱解毒，消腫散結，治一切癰疽、疔腫瘰癧、無名腫毒、惡瘡及丹毒、肝熱、目赤腫痛等，並可治毒蛇咬傷。

| 葫蘆科 | 冬瓜屬 | *Benincasa hispida* (Thunb.) Cogn. |

冬瓜 (本草名：冬瓜)

　　冬瓜瓠果成熟時，表面上會生成一層蠟質白粉，就像冬天結成的白霜，因此冬瓜即使在夏天結果，仍然被稱為「冬瓜」；同樣的原因，冬瓜也被稱為「白瓜」。冬瓜除了可以直接煮食，還能製成冬瓜茶、冬瓜糖。另外，使用冬瓜瓢 (子) 洗臉、洗澡，可讓皮膚白皙有光澤。既可食又可用，冬瓜因為好處多多，廣受大家喜愛。

特徵　一年生蔓性草本植物。莖長可達6公尺，被黃褐色硬毛及長柔毛，有棱溝。單葉互生，被黃褐色硬毛及長柔毛，葉柄粗壯；葉片腎狀近圓形，裂片寬卵形，先端急尖，邊緣小齒狀，基部深心形；兩面被粗毛，葉脈網狀在葉背面稍微隆起。花單性，雌雄同株，單生於葉腋，花梗被硬毛；花冠黃色，5裂至基部，外展；雄花有雄蕊3枚，花絲分生，花藥卵形，藥室呈S形折曲；雌花子房長圓筒形或長卵形，密被黃褐色長硬毛，柱頭3枚。瓠果大型，肉質，長圓柱狀或近球形，表面有短硬毛和蠟質白粉。種子多數，扁卵形，呈白色或淡黃色。

雌花子房長圓筒形，密被黃褐色長硬毛。

別名　東瓜、枕瓜、減肥瓜
產地　可能原產於東南亞，熱帶及亞熱帶地區廣泛栽植。

葉片5至7淺裂或中裂

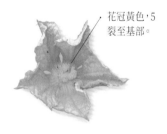

花冠黃色，5裂至基部。

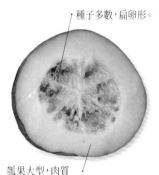

種子多數，扁卵形。

瓠果大型，肉質

用途

味甘，性微寒，無毒。效用：利尿、清熱、解毒、袪濕、解暑。主治：痔瘡腫痛、水腫、跌打損傷、肺癰咳喘、肝硬化腹水、高血壓、糖尿病、動脈硬化、肥胖、腎病、腳氣病。
附註：脾胃虛寒、腎虛者不宜多服。

收錄：菜之三　《本經》上品　　　　　　利用部分：瓢、種子、瓜皮、葉、藤

葫蘆科	西瓜屬	*Citrullus lanatus* (Thunb.) Matsum. & Nakai

西瓜 (本草名：西瓜)

　　西瓜是夏天相當受歡迎的水果，其品種很多。西瓜果瓤多汁，含有豐富的維生素A及維生素C，通常是生食或搾汁飲用，可消暑解渴。西瓜產量十分豐富，每一株藤大約可結出10顆西瓜。

特徵　為一年生蔓生草本植物，其碩大的假果為其特點。假果或為球形或為長橢圓形，大小不等，表皮較硬、光滑，綠色，常有較深的波狀縱紋。果肉有紅、黃、白色等，味道很甜，種子為棕紅色或是黑色。莖蔓具絨毛，生長於沙地上，主根可深達1公尺以上。葉片呈羽狀不規則分裂。花單性腋生，雌雄異花同株，花期六至七月。果期七至十月。

別名　寒瓜、水瓜

產地　全球熱帶、亞熱帶和溫暖帶地區以及台灣各地均有栽植。

葉片呈羽狀不規則分裂

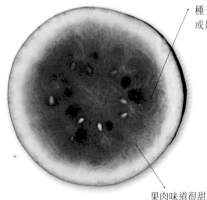

種子為棕紅色或是黑色

果肉味道很甜

假果表皮較硬、光滑，常有較深的波狀縱紋。

用途

性寒，味甘，歸心、胃、膀胱經；具有清熱解暑、生津止渴、利尿除煩的功效；主治胸膈氣壅、滿悶不舒壅、小便不利壅、口鼻生瘡壅、暑熱壅、中暑壅、解酒毒等癥。

附註：西瓜忌與羊肉同食。

莖蔓具絨毛，生長於沙地上，主根可深達1公尺以上。

葛蘆科	甜瓜屬	*Cucumis melo* L.

香瓜 (本草名：甜瓜)

　　香瓜為經濟作物，不少人常將香瓜與哈蜜瓜相混淆。實際上，哈蜜瓜是香瓜的變種。香瓜芳香且味道香甜，除了富含碳水化合物，也含蛋白質、多種維生素與礦物質。香瓜不僅可生食，民間也常透過加工醃曬，製成可口的醬菜。

特徵　為一年生藤蔓植物，莖上具深槽，生多數刺毛。根系發達，主根深達一公尺以上，葉互生；具長柄，柄長約10公分；葉片圓形或近腎形，掌狀3或5淺裂，邊緣具不整齊鋸齒，葉面具多數刺毛。花黃色腋生，雌雄異花或兩性花，花期六至七月。果期七至八月，瓠果肉質，一般為橢圓形，果皮通常黃白色或綠色，有時具花紋，果肉一般為黃綠色。

別名　甜瓜、黃瓜仔、蜜瓜

產地　中國、蘇聯、西班牙、美國、伊朗、義大利、日本

葉片圓形或近腎形

葉互生，具長柄

果皮通常黃白色或綠色

花黃色腋生

為一年生藤蔓植物，莖上具深槽，生多數刺毛。

用途
味甘，性寒，無毒，歸心、胃經；具有清熱解暑，除煩止渴、利尿的功效；用於暑熱所致的胸膈滿悶不舒、食欲不振、煩熱口渴，小便不利等徵狀。 附註：虛寒體質、水腫等忌食。

收錄：果之五　宋《嘉祐》	利用部分：瓠、種仁、蒂、蔓、花、葉

葫蘆科	香瓜屬	*Cucumis melo* L. subsp. *agrestis* (Naudin) Pangalo

越瓜 (本草名：越瓜)

　　越瓜是夏季常見蔬果，不僅可炒食，也能涼拌和醃漬。台灣鄉間常以醃漬的方式料理越瓜，製成醬菜，是搭配稀飯的爽口小菜，因此又有「醃瓜」的別稱。

特徵　一年生蔓性草本植物。莖有稜角，被刺毛。葉互生，葉片卵圓形或腎形，長約7至12公分，寬約7至12公分，掌狀3至5淺裂，中間裂片大且圓，先端鈍，基部心形，邊緣為不整齊鋸齒狀；葉被毛，葉脈掌狀，葉柄長，被刺毛。花單性同株異花，雄花簇生，具長梗，花萼鐘狀，5裂，密被柔毛；花冠黃色，5深裂，裂片橢圓形，先端尖；雄蕊3枚，分離，著生於花萼筒部，花絲短；雌花單生，花梗短，子房下位，卵形或長橢圓形，花柱短，柱頭3枚，胚珠多數。瓠果肉質，長圓筒形，長約40至60公分，直徑8至12公分，外皮光滑，有縱長線條，外表綠白色或淺綠色，果肉白色或淺綠色，汁多質脆。種子白色，細小。

別名　醃瓜、甕瓜仔、脆瓜
產地　中國及台灣

一年生蔓性草本植物。莖有稜角，被刺毛。

外皮光滑，有縱長線條。

葉片卵圓形或腎形，掌狀3至5淺裂。

用途
味甘，性寒，無毒。效用：清熱、利尿、解毒、生津。主治：煩熱、小便淋濁、口瘡、解酒。 附註：脾胃虛寒者慎用。

收錄：菜之三　宋《開寶》	利用部分：果實

| 葫蘆科 | 胡瓜屬 | *Cucumis sativus* L. |

胡瓜 (本草名：胡瓜)

胡瓜的原產地是印度，中國的胡瓜是西漢時由張騫出使西域帶回，所以名為「胡瓜」。又因胡瓜表面有刺狀突起，也有「刺瓜」之稱。胡瓜鮮脆可口，不僅可炒食，也能涼拌、醃漬，是夏季清涼爽脆的開胃小菜。胡瓜水分含量高，又有豐富的維生素E，可防止皮膚老化、促進新陳代謝。現今，許多女性會將胡瓜切片當作面膜敷在臉上，做為天然的保養品。

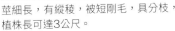

特徵 一年生蔓性草本植物。莖細長，有縱稜，被短剛毛，具分枝，植株長可達3公尺。掌狀葉，大且薄，葉緣細鋸齒狀。花單性，雌雄異花同株，萼片筒狀，5裂；花冠鐘狀，黃色，具5深裂。瓠果長10公分至70公分，呈筒形或長棒型，嫩果外表為白色至綠色，成熟時轉變黃白或黃褐，稜瘤明顯，刺密生。種子扁平，呈長橢圓形，種皮淺黃色。

莖細長，有縱稜，被短剛毛，具分枝，植株長可達3公尺。

別名 刺瓜、黃瓜、大胡瓜
產地 中國及台灣

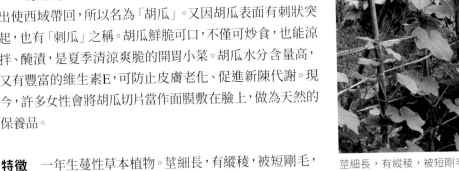

花冠鐘狀，黃色，具5深裂。

掌狀葉，大且薄。

果外表稜瘤明顯，刺密生。

葉緣細鋸齒狀

用途

味甘，性涼，無毒。效用：清熱、鎮靜、利尿、解毒、潤腸、通便、消炎。主治：痢疾、癲癇、高血壓、小便淋痛、咽喉腫痛、燒燙傷、慢性肝炎、糖尿病、便祕。

附註：脾胃虛寒者慎用。

收錄：菜之三　宋《嘉祐》　　利用部分：果實

| 葫蘆科 | 南瓜屬 | *Cucurbita moschata* Duchesne |

南瓜 (本草名：南瓜)

　　南瓜的品種繁多，因品種不同，瓠果的大小與形狀也千變萬化。小至幾公克的觀賞用小南瓜，大至號稱「世界果王」、重達上百斤的大南瓜，都是南瓜家族的成員。南瓜不僅營養豐富，也有許多食療功能，近幾年已成為抗癌、保健的健康蔬果。適量食用南瓜，對於糖尿病、高血壓等病情控制有很大幫助。

特徵　一年生蔓性草本植物。莖可長達數公尺，粗壯，有棱溝，被短硬毛，卷鬚分3至4叉，節處生根。單葉互生，葉片呈心形或寬卵形，5淺裂，長約15至30公分；兩面密被茸毛，邊緣及葉面上有白斑，邊緣呈不規則的鋸齒狀。花單生，雌雄同株異花，雄花花托短，花萼裂片線形，頂端擴成葉狀；花冠鐘狀，黃色，5個中裂，裂片外展，具皺紋；雄蕊3枚，花藥靠合，藥室呈S形折曲；雌花花萼裂顯著，葉狀，子房圓形或橢圓形，1室，花柱短，柱頭3枚，各2裂。瓠果因品種關係形狀各異，大略有扁球形、壺形、圓柱形等，表面光滑或有瘤狀突起，果肉呈黃至橙紅色。種子卵形或橢圓形，長1.5至2公分，呈灰白色或黃白色，邊緣較薄。

別名　金瓜、美國南瓜

產地　原產於中美洲，中國及台灣廣泛栽植。

葉片心形或卵形，5淺裂。

種子呈灰白色或黃白色

▲因品種關係形狀各異

花冠鐘狀，黃色。

莖可長達數公尺，有棱溝，被短硬毛，節處生根。

用途
味甘，性溫，無毒。效用：補中益氣、消炎、止痛、解毒、殺蟲。主治：寄生蟲病、百日咳、痔瘡、燒燙傷、水腫、腹水、胎動不安。

| 收錄：菜之三　《綱目》 | 利用部分：果實 |

葫蘆科	葫蘆屬	*Lagenaria siceraria* (Molina) Standl.

葫蘆 (本草名：壺盧)

　　葫蘆的品種很多，依據品種不同，果實形狀也有差異。通常，我們將果實長的稱為「瓠」，圓形的稱為「匏」，而上下胖、中間細的才稱為「葫蘆」。不過台灣一般農村多將它們統稱為「蒲仔」。葫蘆的鮮嫩果實是夏季常見的蔬菜。特別的是，中國自古以來也將成熟且木質化的葫蘆果實當作容器、裝飾，或加以雕刻成為藝品。

特徵　一年生攀緣性草本植物。莖為綠色蔓藤，有絨毛。葉互生，上表面呈深綠色，下表面淺綠色，雙面密生絨毛，形狀呈掌狀型、卵形、廣心臟形或腎形，有3至7裂片或波浪狀。花著生於葉腋，雄花直徑約10公分，雄蕊3枚；雌花直徑約8至10公分，花梗短，子房下位，柱頭3枚，花萼5片，長1至1.5公分；花冠5片，離生，白色。果實呈綠色，長10至100公分，嫩果果皮嫩薄，有細絨毛，果肉白綠色，成熟果木質化。種子多數，呈白色，倒卵狀橢圓形，頂端平截或有2角。

別名　扁蒲、匏仔、匏瓜
產地　中國及台灣

鮮嫩果實是夏季
常見的蔬菜

葉上表面呈深綠色，下表面淺綠色，
雙面密生絨毛。

一年生攀緣性草本植物。莖為綠色蔓藤，有絨毛。

用途

味甘，性平、滑，無毒。效用：清熱、利尿、消腫、解毒、散結。主治：惡瘡、泌尿道結石、牙齦腫痛、鼻塞、水腫腹水、頸淋巴結結核、煩熱口渴、黃疸、淋病、癰腫。

收錄：菜之三　《日華》	利用部分：瓠、葉、蔓、鬚、花、種子

葫蘆科	苦瓜屬	*Momordica cochinchinensis* (Lour.) Spreng.

木虌子 (本草名：木鱉子)

中藥中的木鱉子，是指木虌子植物的成熟種子，因種子扁形如鱉而得名。民間流傳一則木鱉子的有趣傳說：相傳已成熟變紅的木鱉子果實，夫妻或情侶一定要共同食用，若單獨食用則會發生情變，因而木鱉子又俗稱為陰陽果或夫妻果。木虌子的果實、嫩葉皆可煮食，是台灣原住民傳統的野菜之一，但成熟的種子有毒不能食用。為防止根部受細菌、黴菌等侵害，木虌子的根部儲存了大量皂素，因此被原住民當成肥皂使用。

多年生草質大藤本植物，因種子扁形如鱉而得名。

特徵 多年生草質大藤本植物，具粗壯的塊狀根，近圓柱形，稍有分枝，表面淺棕黃色。葉互生，葉片三角形，3至5掌狀淺裂至深裂，寬近於長，先端短漸尖，基部心形，近葉柄兩側處各有1至2個較大的腺體；中裂片菱狀卵形，側裂片三角卵形，邊緣有波狀三角形齒。花雌雄異株或單性同株，單生，每花有1綠色圓腎形苞片，全緣；花萼5裂，具暗紫色條紋；花冠鐘狀，淺黃色，5裂，裂片倒卵狀橢圓形；雄花雄蕊3枚，花絲極短，具2個有蓋的蜜囊；雌花花冠裂片幾乎等大，子房下位。果實寬橢圓形至卵狀球形，橙黃色，有肉質刺狀突起，果梗長7至10公分。種子大，長約2公分，寬約1公分，黑褐色，外有一層鮮紅帶甜味的黏滑膜，似鱉甲狀。

別名 臭屎瓜、木鱉瓜、木鱉。

產地 原產於東南亞，中國的廣東、廣西、江西、湖南及四川。在台灣主要分布於全島中南部、東部平野和低海拔森林。

近葉柄兩側處，各有1至2個較大的腺體。

花冠鐘狀，淺黃色。

果實寬橢圓形至卵狀球形

葉互生，3至5掌狀淺裂至深裂。

用途
味苦、微甘，性溫，有毒。效用：消腫、散瘀、散結、攻毒、消疔瘡。主治：骨折、腰痛、肛門（痔瘡）腫痛、瘡瘍腫毒、乳癰、禿瘡、腳氣腫痛、跌打損傷、瘀血不散、小兒久痢。
附註：孕婦及體虛者忌用。

| 葫蘆科 | 括樓屬 | *Trichosanthes cucumeroides* (Ser.) Maxim. |

王瓜（本草名：王瓜）

　　王瓜的根、嫩葉、未成熟果實，以及種子都可煮食；成熟果實可生食。由於雄花及雌花都只在深夜綻放，一般人難以見到王瓜特殊絲狀花瓣綻放的模樣。

特徵　多年生攀緣性草本植物。塊狀根肥厚；莖細長有粗毛具捲鬚。葉互生有柄，掌狀，淺3裂或5裂，葉緣具齒牙，有茸毛。花腋生，單性，雌雄異株，雄花少數，聚成短總狀，苞片小，披針形，花萼長筒狀，上端5裂，萼齒披針形，花冠白色，5裂，裂片邊緣細裂呈絲狀，雄蕊3枚，花藥線形；雌花單生於葉腋，花萼、花冠和雄花相似，子房下位1室，花柱線形，胚珠多數。瓠果長橢圓形或近圓形，未成熟時為綠色，有10條綠白色縱條紋，成熟則呈現紅色。種子多數，茶褐色，略扁，形狀為十字形，中央有一隆起環帶。

別名　師古草、野冬瓜、山冬瓜

產地　日本、台灣及中國南方地區。

葉互生有柄，掌狀。

果未成熟時為綠色，有10條綠白色縱條紋。

多年生攀緣性草本植物，葉緣具齒牙，有茸毛。

用途
根：味苦，性寒，無毒；子：味酸、苦，性平，無毒。效用：瀉熱利水、行血、利大小腸、排膿消腫、消瘀、通乳。主治：小兒黃疸、大小便不通、乳汁不下、月經不利、反胃嘔吐、筋骨痛、瘀血。 附註：脾胃虛寒及孕婦忌用。

| 收錄：草之七　《本經》中品 | 利用部分：根、種子 |

使君子科	使君子屬	*Combretum indicum* (L.) DeFilipps

使君子 (本草名：使君子)

　　相傳北宋年間，四川潘州有位醫者郭使君，上山採藥發現了這種植物：果實體輕，內含子仁，去殼嘗之，味甘氣芳香。一位樵夫告訴他，此為「留球子」。郭使君將留球子帶回家，因尚未乾燥恐其霉變，便放入鍋裡炒，隨即芳香四溢。郭使君的孫子聞到香味，吵著要吃，嘗了四、五粒，不料第二天排便時竟便出幾條蛔蟲，中午吃飯胃口大開。郭使君這才明白，留球子原來是一味驅蟲藥。於是四方鄰里前來求藥，絡繹不絕，留球子從此成了中醫的驅蟲名藥，郭使君因而被譽為「啞科醫生」（古代稱小兒科為啞科），「留球子」名稱也被「使君子」取而代之。中藥所稱的「使君子」是指這種植物的成熟果實。此外，使君子也是常用的殺蟲藥，李時珍表示，凡殺蟲藥多是味辛性平，只有使君子和榧子味甜還能殺蟲，與其他殺蟲藥屬性不同。

特徵　莖伸長，長可達5公尺或更長，須攀緣其他植物或物體始能往上生長，具有多數分枝；小枝細長，幼嫩部分常帶鐵鏽色毛茸，直立，斜上升或下垂。葉對生，長橢圓形至橢圓狀披針形，兩面有黃褐色短柔毛；葉柄被毛，宿存葉柄基部呈刺狀。繖房狀穗狀花序，頂生；萼筒細管狀，先端5裂；花瓣5枚，長圓形或倒卵形，白色後轉為紅色，有香氣；雄蕊10枚，二輪；子房下位1室，花柱絲狀。果實呈橄欖狀，橢圓形或卵圓形，具5條縱棱，表面黑褐至紫黑，平滑，微具光澤；頂端狹長，基部鈍圓，有明顯圓形的果梗痕，質堅硬，橫切面多於五角星狀，棱角處殼較厚，氣微香，味微甜。花期五至九月，果期六至十月。

別名　留求子、五稜子

產地　自熱帶非洲經印度、中國、東南亞至澳洲北部。中國產於四川、福建、廣東、廣西，多生於平地、山坡、路旁等向陽灌叢，亦有栽培。

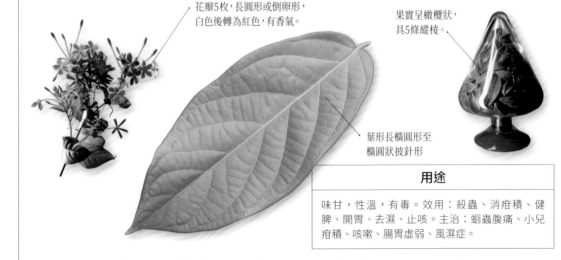

花瓣5枚，長圓形或倒卵形，白色後轉為紅色，有香氣。

果實呈橄欖狀，具5條縱棱。

葉形長橢圓形至橢圓狀披針形

用途

味甘，性溫，有毒。效用：殺蟲、消疳積、健脾、開胃、去濕、止咳。主治：蛔蟲腹痛、小兒疳積、咳嗽、腸胃虛弱、風濕症。

收錄：草之七　宋《開寶》	利用部分：果實

使君子科	訶子屬	*Terminalia chebula* Retz.

訶梨勒 (本草名：訶黎勒)

　　訶子是訶梨勒的果實，可以入藥。通常採取果實、曬乾，直接生用或煨用。倘若要使用果肉的部分，則必須去核。

特徵　落葉喬木，樹可高達30公尺，樹皮暗褐色。葉互生，葉柄很粗，葉形卵形或橢圓形，全緣，先端短尖基部圓，葉基與葉柄有綠色腺體。花期5月，穗狀花序，腋生或頂生，披毛，花朵為淡黃色。核果，卵形或橢圓形，成熟時變黑褐色，有5條縱棱線及不規則的皺紋。

產地　中國、印度、埃及、伊朗、尼泊爾、土耳其

葉互生，葉柄很粗。

卵形或橢圓形，全緣。

樹可高達30公尺，樹皮暗褐色。

用途
味苦、酸、澀，性平。歸肺、大腸經。功效：澀腸止瀉、斂肺止咳、利咽開音。

收錄：木之二　《唐本草》	利用部分：果實

菱科	*Trapa bicornis* Osbeck （紅菱／中國產）
菱屬	*Trapa bicornis* Osbeck var. *taiwanensis* (Nakai) Xiong （台灣栽培市售）

菱角（本草名：芰實）

　　芰實就是我們熟悉的「菱角」，為一年生浮葉草本植物，喜生長在陽光充足之地。台灣菱角最著名的產地在臺南官田，至於家喻戶曉的歌曲「採紅菱」，則是描述江南一對恩愛夫妻的採菱角故事。

特徵　浮水葉為菱形，背紫紅；葉柄長8公分左右，中段有一處膨大囊狀氣室，可漂浮於水面。夏天為其花季，花朵腋生，花瓣4枚，白或淡粉紅色。菱果初生為紫紅色，成熟後轉為黑色，角2枚，下彎，十月結果，需全株倒翻才看得見。

附註　菱角的彎曲處有刺，採集或剝菱角時須小心留意。

別名　龍角、水栗、紅菱

產地　日本、台灣及中國的廣東、江西、湖北、福建等地

菱果初生為紫紅色，成熟後轉為黑色。

葉為菱形，背紫紅。

根著生於水底，節上有根狀的沉水葉。

用途

味甘、澀，性平；具有清暑解熱，除煩止渴，益氣健脾的功效。

收錄：果之六 《別錄》上品	利用部分：果實、花、果殼

山茱萸科	梜木屬	*Cornus macrophylla* Wall.

梜木 (本草名：松楊、椋子木)

　　松楊亦即梜木，樹皮和葉可提取天然化合物——栲膠，其主要用途之一是製作皮革時，可以幫助將生皮鞣成革。梜木的種子能夠製油，油可食用或製成肥皂及潤滑油；木材則是建築及傢俱用材。

特徵　落葉喬木，高可達15公尺，樹皮灰褐色或灰黑色，幼枝粗壯，灰綠色，具稜角。單葉對生，厚紙質，橢圓形至闊橢圓形，邊緣略有波狀小齒，上面暗綠色，下面灰綠色。花期五月，繖房狀聚繖花序頂生，黃白色花，花瓣4瓣，細長形。果期五至九月，核果近於球形，成熟時為暗紫色，種子細小。

別名　落地金錢、涼子、冬青果、椋子木

產地　中國、南亞及台灣中海拔地區

黃白色花，繖房狀聚繖花序頂生。

單葉對生，厚紙質。

上面暗綠色

下面灰綠色

橢圓形至闊橢圓形

株高可達15公尺，樹皮灰褐色或灰黑色。

用途
味甘、鹹，性平，無毒，功效：破血、養血、安胎、止痛、生肉。

收錄：木之二　《拾遺》	利用部分：莖、莖皮

五加科	通脫木屬	*Tetrapanax papyriferus* (Hook.) K. Koch

通草 (本草名：通脫木)

　　通草的葉片巨大，在台灣的單葉類樹木中，它的葉片僅次於芭蕉葉，因此一般人對它的第一印象就是「大」。由於葉片巨大，最適合種植在潮濕地區，台灣東北部的宜蘭即是通草的極佳生長環境。通草的髓心色白、柔軟而細密，可作為手工藝品、瓶塞、紙和帽襯的原料，它的種名 papyriferus，也正是根據可造紙的特性而命名。通草是富有高經濟價值的植物，在台灣早期被大量種植，與稻米、樟腦並列為當時台灣的主要出口商品。現今則因為優雅的樹型及生長快速的特性，常被用作園藝造景的植栽。

特徵　多年生常綠灌木或小喬木植物。莖幹通直，植株高2至4公尺。樹皮有線狀白斑。葉互生，具長柄，叢生幹端，形大，圓形，掌狀7裂，裂片再作2淺裂，是通脫木所獨有的葉片造型，背面密布白色綿毛。花數多，黃褐至淡黃色，成纖形或頭狀花序後再組成頂生大圓錐花序。果實小，球形，成熟時呈黑色。

別名　蓪草、大通草、大葉五加皮

產地　中國東南部、雲南及台灣

通草是富有高經濟價值的植物，在台灣早期被大量種植。

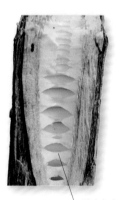

葉圓形，掌狀7裂。

樹皮有線狀白斑

髓心色白、柔軟而細密

裂片再作2淺裂

用途

味甘、淡，性微寒，無毒。效用：利尿、清熱、消腫、通氣、通乳。主治：小便不順、淋病、水腫、產婦乳汁不通、鼻塞、熱病煩渴、肺熱咳嗽。

附註：寒濕者忌用。

收錄：草之七　《法象》　　　　　　　　　　　利用部分：莖髓

| 繖形科 | 當歸屬 | *Angelica sinensis* (Oliv.) Diels |

當歸（本草名：當歸）

　　相傳甘肅秦州有對以採藥為生的夫妻，丈夫聽說深山裡有神奇名貴的藥材，他為了多賺點錢給愛妻更好的生活，於是決定隻身上山採藥。出發前，丈夫和妻子約定，三年內必定歸來，若沒歸來，便是已葬身山中，屆時妻子可以另嫁他人。日子一天天過去，丈夫一直沒有歸來，妻子掛念日深，以致茶飯不思、睡夢不安，直到老公歸來時，妻子已奄奄一息，但神智昏迷之中，仍喃喃說著：「夫郎應當歸來……」其夫心中大痛，趕忙將採回來的藥煎煮予其服用，不數日，妻子竟然迅速病癒，從此人們便把這味藥稱做「當歸」。

特徵　株高40至100公分；主根粗短，支根數條至十餘條，外皮棕褐色，香氣濃郁；莖直立，帶紫色，有縱深溝紋；葉2至3回羽狀裂，葉柄基部膨大成鞘狀；複繖形花序，花瓣5枚，白色；離果，分果2枚，有5稜，側稜具翅，翅緣淡紫色，花果期六至九月。

附註　當歸善治氣血逆亂、妊婦產後惡露上衝，而使氣血各有所歸，故名當歸。「薪」為「芹」之古字，因當歸的花葉像芹菜，故有山薪、白薪之名。中國甘肅岷縣的當歸品質最好，有「中國當歸甲天下，岷縣當歸甲中華」之稱。當歸在中藥方中使用的頻率很高，可說是「十方九歸」，也因此有「藥王」的美稱。尤其在婦科疾病的治療中，當歸更是功效卓著，所謂「血家百病此藥通」，而被視為婦科聖藥。

葉為2至3回羽裂，乍看之下有點像芹菜葉。

產地　原生於中國甘肅，在甘肅、寧夏、青海、陝西、湖北、四川、貴州、雲南等地有栽培。

藥用部位是根

用途

味甘，性溫，無毒。能治咳嗽、瘧疾寒熱、流產不孕及各種惡瘡潰瘍、金屬所致的創傷等，宜煮汁飲服。又能溫中止痛，補五臟，生肌肉，療中風汗出、風濕痺痛，能補虛損、止嘔逆，治虛勞寒熱、腹痛下痢、齒痛、腰痛及崩漏。能破瘀血、生新血，用治一切血症、血症和癥瘕痞塊、胃腸虛冷。可補血活血，排膿止痛，滋潤肌膚，治腰部冷痛、痿弱無力及足熱疼痛。治上部疾患宜用當歸頭，療中部疾患宜用當歸身，治下部病症主選當歸尾，通治一身疾病就用全當歸。酒炒後可增強活血功效，用油炒則能加強潤腸的作用。

收錄：草之三　《本經》中品　　利用部分：根

繖形科	芫荽屬	*Coriandrum sativum* L.

芫荽 (本草名：胡荽)

芫荽原產於地中海沿岸及中亞地區，漢朝張騫出使西域時帶回中國，因此古名「胡荽」。芫荽是華人世界非常熟悉的料理提味香菜，含有特殊香氣的揮發油，添加食物裡不但可增加香氣，也能促進食慾。不過，它的味道並非人人喜歡，有人因為它的特殊香氣，避而遠之。

株高20至40公分，莖直立中空，全株無毛，具香氣。

特徵 一年生草本植物。植株高20至40公分，莖直立中空，全株無毛，具香氣，上部多分枝，具細縱紋。根細長，有多數側根。根生葉，具長柄及鞘，基部抱莖，1至2回羽狀分裂，裂片廣卵形、扁形半裂，基部楔形，不整狀裂緣。莖生葉互生，柄漸短，2至3回羽狀全裂，小葉片線形，全緣。複繖形花序頂生或與葉對生，繖梗3至6枚，長2至5公分；花無總苞片，小總苞約3枚，線狀錐形；花小，呈白色或淡紅色，萼先端5齒緣，花瓣5枚，倒卵形，在小繖形花序外周具輻射瓣；雄蕊5枚與花瓣互生，花絲先端彎曲；雌蕊1枚，子房下位，2室，花柱細長，柱頭頭狀2歧。雙懸果近球形，光滑或有縱稜，未熟果呈青綠色，熟果轉為黃褐色，直徑約5公釐，內有種子2至3顆，近半球形。

別名 莞荽、香菜、胡菜

產地 原產於地中海沿岸及中亞地區，現全球大部地區都有栽植。

羽狀分裂

花小，呈白色或淡紅色。

根生葉，具長柄及鞘。

用途
葉根：味辛，性溫，微毒；種子：味辛、酸，性平，無毒。效用：清熱、通氣、止痛、解毒、利尿。主治：脫肛、蛇蟲螫傷、痔瘡疼痛、牙痛、風寒感冒、麻疹、頭痛、瘡腫初起、神經衰弱、低血壓、糖尿病。

收錄：菜之一 宋《嘉祐》	利用部分：葉、種子

| 繖形科 | 胡蘿蔔屬 | *Daucus carota* subsp. *sativus* (Hoffm.) Arcang. |

胡蘿蔔 (本草名：胡蘿蔔)

胡蘿蔔富含的胡蘿蔔素，進入人體後可轉化成為維生素A，有助於眼睛、肝臟、骨骼的發育與健康。此外，胡蘿蔔能促進人體的免疫功能，已成為現代健康保健的養生蔬果。由於胡蘿蔔對人體饒有益處且營養豐富，因而有「小人蔘」之稱。

特徵　二年生草本植物。植株高約50至120公分，莖直立，表面有白色粗毛。根生葉具長柄，葉片2至3回羽狀分裂，最終裂片線形或披針形。複繖形花序頂生或側生，有粗硬毛。小繖形花序有花15至25朵，花小，白色、黃色或淡紫紅色，每一總繖花序中心的花通常有一朵為深紫紅色；花萼5枚，窄三角形，花瓣5片，大小不等，先端凹陷，成一狹窄內折的小舌片；子房下位，密生細柔毛，結果時花序外緣的繖輻向內彎折。雙懸果卵圓形，分果的主稜不顯著，次稜4條發展成窄翅，翅上密生刺。

別名　紅蘿蔔、紅菜頭

產地　中亞、西亞、歐洲、亞洲及南、北美

根生葉2至3回羽狀分裂

胡蘿蔔富含胡蘿蔔素，能促進人體的免疫功能。

用途
味甘、辛，性微溫，無毒。效用：下氣、補中、利尿、清熱、解毒、止痛。主治：疝氣、胃腸脹氣、消化不良、久痢、喘咳、百日咳、咽喉腫痛、麻疹、水痘、燒燙傷、痔漏、夜盲症。

收錄：菜之一　《綱目》　　　利用部分：根、種子

繖形科	水芹屬	*Oenanthe javanica* (Blume) DC.

水芹菜 (本草名：水靳)

　　有山就有水，山芹菜常見於山區，而水芹菜顧名思義，也就是常見於有水之處，偏好溪澗、水溝、水田及濕地。水芹的屬名*Oenanthe*由希臘文oimos酒和anthos花締造而成，意指該種花的味道有酒的氣味，種小名*javanica*所指是爪哇之意。本種是美味的蔬菜之一，被人類廣泛種植，其全草還可用來入藥，因此用途廣泛。如果您對於《大長今》還有印象的話，劇情中，年幼的大長今受到韓尚宮的指示而去研究了野菜，了解了水芹菜可以增進食慾、健胃、解毒。在夏天時因天氣炎熱，人們多半沒有食慾，為了增加食慾開胃，在開胃菜中總少不了芹菜的身影。

特徵　多年生草本，全株光滑無毛，具特殊氣味，莖中空有稜。一至三回羽狀複葉，互生，葉長3至10公分，小葉深羽裂，頂裂片卵形至狹卵形，全緣或鋸齒緣。複合繖形花序頂生，花冠白色，最小單位之繖形花序5至15朵花。果實為離果，橢圓形或近圓錐形，長約2.5公厘，表面光滑，有稜突，成熟呈黃褐色。

複合繖形花序頂花冠白色。

別名　中國芹菜、印度水芹、日本香菜
產地　溫帶亞洲至熱帶亞洲廣泛分布。印度、緬甸、越南、馬來西亞、印尼和菲律賓等地皆有分布。

水芹菜為多年生草本

用途

莖味甘辛、平、無毒；花味苦、寒、無毒。莖主治女子赤沃，止血養精，保血脈，益氣，令人肥健嗜食。去伏熱，殺石藥毒，擣汁服治煩渴，崩中帶下，五種黃病。花主治脈溢。

收錄：菜之一　《本經》下品	利用部分：莖、花

| 杜鵑花科 | 越橘屬 | *Vaccinium bracteatum* Thunb. |

米飯花（本草名：南燭）

　　中藥材中的南燭（*Vaccinium bracteatum* Thunb.），是指越橘屬（*Vaccinium*），而台灣產的南燭（*Lyonia ovalifolia* (Wall.) Drude）則是南燭屬（*Lyonia*）。南燭屬的南燭全株具毒素，尤其以嫩葉最毒，會造成嘔吐、神經末梢麻痺、肌肉痙攣等中毒症狀。越橘屬的葉片和果實可供藥用。由於花型小且細長，外形似煮熟的米粒，故被取名為米飯花。米飯花的漿果可供食用，葉經曬乾也可煎藥，具益腎固精、止咳、益氣、駐顏、消腫等益處。《本草拾遺》提及，取新鮮南燭莖葉搗碎，將粳米浸於其中，之後經蒸煮和曝曬形成一顆顆小小的黑色米粒，作為米飯食用，具延緩衰老和烏鬚黑髮的功效。

葉緣具少許的鋸齒

枝條上平滑無毛

型近似橢圓形

特徵　屬常綠灌木或小喬木，枝條上平滑無毛，但幼枝有少許微毛。葉型近似橢圓形，葉前端似銳形，基部楔形，葉緣具少許的鋸齒，革質，主脈上有短毛。總狀花序集生於枝條上，花筒形狀修長似煮熟的米飯；筒狀白色花冠上披背著絨毛，花冠前端5淺裂，小花的梗長度小於4公釐；鐘形的萼片筒前端具5齒裂，表面密被絨毛，萼裂片呈三角形；雄蕊10枚，花藥前端伸長成管狀，有2枚芒狀附屬物，花絲上有白絨毛，花期大約在四月下旬至五月初開花。果實呈球形漿果，果熟後色轉為紫黑色，果期約在七月左右。

附註　由於外型易與具毒性的南燭屬南燭及馬醉木弄混，使用南燭時不可不慎。

別名　南天燭、烏飯、染菽（古名）

產地　馬來西亞、中南半島、中國華東與華南、台灣與日本

用途

枝葉：味苦，性平，無毒；果實：味甘微酸，性平，無毒。花可去水腫。果實、莖、葉可治風疾、明目，可益腎固精。

收錄：木之三　宋《開寶》　｜　利用部分：花、果實、莖、葉

| 紫金牛科 | 紫金牛屬 | *Ardisia crenata* Sims |

朱砂根 (本草名：硃砂根)

　　紅色是國人過年最喜愛的色彩，因此紅色植物總是特別受歡迎，其中朱砂根就是很好的例子。朱砂根在冬季時，果實正好成熟轉紅，串串渾圓晶瑩的小紅果，搭配油亮亮的綠葉，對比強烈而醒目。再加上它又有「萬兩金」的俗稱，可說是人見人愛的年節觀賞植物。

直立小灌木，高可達1.5公尺。

特徵　直立小灌木，高可達1.5公尺，全株光滑無毛，莖粗壯。葉互生，紙質，披針形、橢圓形或倒披針形，邊緣皺波狀，有圓齒，葉背灰綠色或有時紫紅色，具多數突起之小腺點。繖形花序或繖房花序，花枝前段有2至3枚葉片，花冠白色或粉紅色，先端5深裂，裂片擴展而外捲，花萼及花冠均有腺點，花期五至六月。核果球形，成熟時紅色，具黑色腺點。

別名　硃砂根、鐵雨傘

產地　東亞 (中國南方、日本、台灣)、東南亞及印度東北部。

核果球形，成熟時紅色。

葉邊緣皺波狀，有圓齒。

用途

味苦、辛，性涼，無毒。可活血去瘀、消腫止痛、利尿、消炎、清熱解毒。以根取汁飲可治咽喉腫痺；以根、莖煎服可治癌症，尤其是子宮癌；遇跌打腫痛、外傷骨折，可研成末塗敷患處，並煎服之。另可治上呼吸道感染、白喉、風濕骨痛、腰腿痛、淋巴結炎、肺癆傷吐血、黃疸、痢疾、丹毒、梅毒、乳腺炎、睪丸炎、毒蛇咬傷等。

| 收錄：草之二　《綱目》 | 利用部分：根、莖、葉 |

| 柿樹科 | 柿樹屬 | *Diospyros kaki* L.f. |

柿 (本草名:柿)

　　柿樹的果實「柿子」是中國傳統常見的水果,廣受民眾喜愛。柿子不僅可鮮食,也能藉由乾燥脫水,製成「柿餅」。在台灣的新竹、苗栗等山城,柿餅是知名的道地名產。而柿樹的枝幹因材質細密、紋路美觀,可用來製成家具、高爾夫球杆等用品,頗具經濟價值。

特徵　多年生落葉喬木。植株高約4至9公尺,主幹呈暗褐色,樹皮鱗片狀開裂,幼枝被絨毛。葉質肥厚,葉片橢圓狀卵形、長圓形或倒卵形,表面深綠色,有光澤,背面為淡綠色,疏生褐色柔毛,花雌雄異株或同株,花冠黃色;雄花每3朵集生或呈短聚繖花序;雌花單生於葉腋,花萼4深裂,裂片三角形。漿果扁球形,呈橘紅、橙黃或黃色,表面具光澤。

別名　柿子、脆柿、甜柿

產地　原生於中國長江流域,其他各省區、韓國、日本及歐美等地均有栽種,台灣主要產於中、南部山區。

花冠黃色

漿果扁球形,
表面具光澤。

果實乾燥脫水後,
可製成「柿餅」。

葉質肥厚,橢圓狀卵形。

株高約4至9公尺,主幹呈暗褐色,樹皮鱗片狀開裂,
幼枝被絨毛。

用途

味甘、澀,性寒,無毒。效用:清熱解毒、生津止渴、潤肺、化痰、健脾胃、止血、涼血。主治:解酒、各種內出血、面斑、反胃、燒燙傷、高血壓、肺氣腫、痘瘡、慢性支氣管炎、喉嚨痛、腸胃脹氣、痔瘡、痢疾。

| 收錄:果之二　《別錄》中品 | 利用部分:果實、蒂、莖皮、根 |

灰木科	灰木屬	*Symplocos caudata* Wall. ex G.Don

尾葉灰木 (本草名:山礬)

　　尾葉灰木的木材可以供建築及薪炭材,而根、葉、花都可供藥用。除此之外,葉另可作媒染劑,分布在海拔100至1700公尺處,隨著海拔高度漸高,葉子厚度會逐漸增加。

特徵　半落葉性中喬木,枝平滑。單葉互生,葉形橢圓形至長橢圓形,圓齒狀齒緣,葉緣略反轉。腋生總狀花序,花色白色,5瓣花。果實圓形至壺形,頂端具宿存萼片,圍成冠狀,內果皮具淺溝,種子彎曲。

產地　中國、印度、泰國、馬來半島、日本

葉緣略反轉

圓齒狀齒緣

花色白,5瓣。

單葉互生

尾葉灰木的葉另可作媒染劑。

用途
味辛、苦,性平。清熱利濕,理氣化痰,黃疸、咳嗽、關節炎。外用治急性扁桃炎。

木犀科	素英屬	*Jasminum sambac* (L.) Aiton

茉莉 (本草名:茉莉)

茉莉原產於異邦,移植於中國可能已有近2000年的歷史,晉代嵇含於《南方草木狀》言:「那悉茗花與茉莉花,皆胡人自西域移植南海,南人憐其芳香,竟植之。」宋代王梅溪詩云:「茉莉名佳花亦佳,遠從佛國到中華。」佛國即印度,茉莉為梵語,在佛經上又有譯為「抹利」、「抹厲」等。

半落葉蔓性灌木,高可達1公尺,小枝有稜。

特徵 半落葉蔓性灌木,高可達1公尺;小枝有稜,叢生,匍匐狀。單葉對生,寬卵形或橢圓形,葉脈明顯,葉面微皺,近全緣,葉脈與葉柄均被柔毛。花單生或成繖房狀排列,花萼筒形,先端裂成絲狀,花瓣白色,重瓣,花朵具濃郁芳香,通常於夜間開花,花期六至十月。漿果黑色。

別名 奈花、抹厲、玉麝花

產地 原產於印度、波斯一帶,現植於東南亞、中國廣東、廣西、貴州、雲南、福建、蘇杭等南方諸地。

茉莉花可供薰茶,製作香片。

花白色,具濃郁芳香。

葉脈明顯,葉面微皺。

用途

茉莉花:味辛,性熱,無毒。蒸油取液,做面霜和頭皮按摩油,有長髮、潤燥、香肌之功,另可治結膜炎、白痢,又可健脾理氣、提神、安定、緩和情緒。此外,茉莉花可供薰茶,製作香片;經蒸餾之後還可做為香水之原料。茉莉根:味辛、性熱、有毒,可治昏迷,又用於跌打損傷、骨折脫臼之治療等,乃因其對中樞神經有麻醉作用,為傷科要藥。

收錄:草之三　《綱目》 | 利用部分:花、根

夾竹桃科	牛皮消屬	*Vincetoxicum atratum* (Bunge) C.Morren & Decne.

牛皮消 (本草名：白薇)

　　白薇自古被當作婦科良藥，甚至被認為具有起死回生的神效。從前有一女子，平日身體很好，但有一天突然倒地不醒，經大夫診斷，原來是氣塞不行造成暈厥，便用白薇醫治，使其氣血順暢，不久女子便甦醒了。《本經》中也說明，白薇可以治療中風、突然昏倒或半身不遂，以及神智錯亂、忽然發狂等症狀。

莖有毛，不分枝，高可達80公分。

特徵　直立草本植物，莖有毛，不分枝，高可達80公分。葉對生，橢圓形、寬卵形或卵圓形，上下表面皆被短毛。繖形花序之總梗極短或無總梗，花萼基部具腺體，花暗褐色或深紫色，具有副花冠，即雄蕊和花瓣之間的花瓣狀或冠狀結構。蓇葖果單生，外表有毛。

別名　白薇、薇草

產地　亞洲東部，中國的福建、湖南、廣西、安徽、江西、江蘇、西藏、河南、四川、貴州、山東、陝西、湖北、雲南、甘肅、河北、浙江、廣東等，台灣產於西部沿海及河床地。

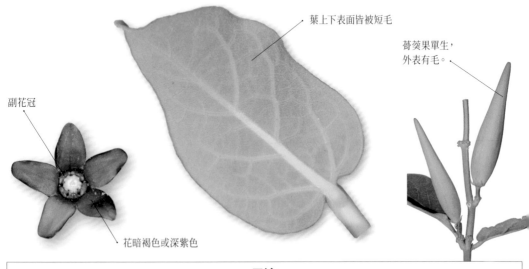

葉上下表面皆被短毛

蓇葖果單生，外表有毛。

副花冠

花暗褐色或深紫色

用途

味苦、鹹，性平，無毒。主治突然中風，身體發熱、四肢沉重痠痛、神智恍惚、狂躁不安。清熱涼血，利尿通淋、益精，解毒療瘡。用於野外傷風，陰虛發熱，骨蒸勞熱，產後血虛髮熱，治熱淋，血淋，癰疽腫毒。整株包括根、莖、葉都可食用，兼具食療效果，有健脾消食、消炎解毒、去瘀消腫，對胃潰瘍、肝病、膽固醇很有幫助；還有青春痘、黑斑、內外痔、便秘、農藥中毒都有改善效果。

收錄：草之二　《本經》中品	利用部分：根

夾竹桃科	絡石屬	*Trachelospermum jasminoides* (Lindl.) Lem.

絡石 (本草名：絡石)

　　絡石經常攀附在岩石或牆壁上，將岩石、牆壁網絡在裡面，因此名為「絡石」。夏天的時候，絡石會開出白色花朵，氣味芳香濃郁，可用來製成香水。

特徵　多年生常綠纏繞性藤本植物。莖赤褐色，多分枝，幼枝被細毛，被點狀皮孔。葉對生，柄長2至5公釐，幼葉被灰褐色絨毛，葉片橢圓形或卵狀披針形，基部鈍圓形或闊楔形，先端鈍圓或短尖，全緣，上面深綠色，背面淡綠色或灰白色，被絨毛，在生長過程中葉形多變。聚繖花序，花梗長，腋生，萼5深裂，裂片線形，先端反卷，花為白色，香味濃郁；花冠高盆形，冠筒長約8公分，外被絨毛，先端5裂，裂片長橢圓狀披針形；雄蕊5枚，著生於花管內中上部，花絲短而扁闊；雌蕊1枚，花柱細長，花盤具腺體5枚，其中2枚聯合，心皮2枚，胚珠多數。蓇葖果2枚成對，長細柱形，近水平開展或呈70度至90度夾角，成熟時開裂，內含種子多數，扁線形，褐色，頂端著生一束白色簇毛，成熟時展開，得以乘風飛翔散播。

別名　絡石藤、台灣白花藤

產地　中國南方、西藏、越南、台灣、韓國及日本

葉片橢圓形或卵狀披針形

花白色，香味濃郁。

莖赤褐色，多分枝，幼枝被細毛，被點狀皮孔。

用途
味苦，性溫，無毒。效用：通絡、涼血、祛風、止痛、消腫、清熱、解毒。主治：小便白濁、腰膝痠痛無力、喉痺、癰腫、跌打損傷、風濕關節炎、肺結核、咽喉腫痛、扁桃腺炎、四肢痙攣、關節痠痛、肌肉痛。

收錄：草之七　《本經》上品	利用部分：地上部分

茜草科	伏牛花屬	*Damnacanthus indicus* C.F.Gaertn.

伏牛花 (本草名：伏牛花)

　　伏牛花耐陰旱，會結鮮紅色的核果，果實經久不墜，常做庭院觀賞用樹。外型如鏈珠的肉質根入藥，具活血、利濕的功用，可緩和風濕、咳嗽、水腫等症狀。

特徵　樹型為小灌木，節處常具2刺。成葉質地為革質，葉序對生，形狀多為卵形，葉前端略尖且具一個短尖刺；葉長約2至3公分，葉寬約1至1.5公分。花期約在夏季；花腋生於枝幹上，白色漏斗狀的花冠具有鐘形花萼；子房4室，雄蕊4枚。果期約秋季，紅色的球形核果，果實有4個稜縱溝，經久不落。

別名　鳥不踏、虎刺、黃腳雞、胖兒草

產地　印度北方、中國南部及西南部、台灣、韓國及日本

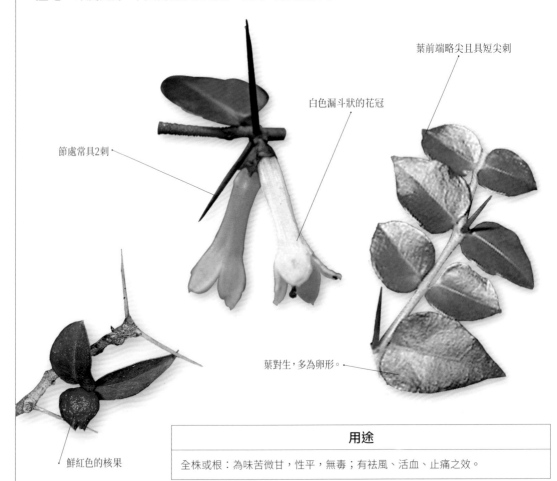

葉前端略尖具短尖刺

白色漏斗狀的花冠

節處常具2刺

葉對生，多為卵形。

鮮紅色的核果

用途
全株或根：為味苦微甘，性平，無毒；有祛風、活血、止痛之效。

茜草科	黃梔屬	*Gardenia jasminoides* J.Ellis

山黃梔（本草名：巵子）

　　在夏天到山上步道走走，有時會聞到山黃梔的芬芳香味，循著味道找尋，便會見到六瓣的白色花朵。山黃梔得名於花朵將凋謝前會變成黃色。山黃梔果實內含黃色素，可作成黃色染料，故又名黃梔。它的花、葉子、果實及根，都可以入藥。花朵香味濃郁，可提煉成香水或茶葉。此外，山黃梔有兩種，除了野外見到的山黃梔外，觀賞用的山黃梔則為重瓣山黃梔。

特徵　常綠灌木或小喬木，莖幹表面樹皮灰白色，高約3公尺。單葉對生，具短柄，長橢圓形或倒披針形，全緣，具光澤。花為繖型花序，腋生或頂生全株，花形為漏斗狀，花期4至6月，花瓣6枚，具芬芳香味，初開時為白色花，花謝時漸轉為乳黃色。果實黃紅色，俗稱山梔子，呈兩端尖瑞的橢圓形，有六條綾線，具肉質。果實含黃色素。

別名　山梔、山枝子、山黃梔、紅梔子、黃梔
產地　印度北方、中南半島、中國南部及西南部、台灣、韓國及日本

單葉對生，具短柄。

果實有六條綾線，具肉質。

花瓣6枚，具芬芳香味。

長橢圓形或倒披針形，全緣。

用途
味苦，細寒。歸心、肝、肺、胃、三焦經，功效：瀉火除煩，清熱利濕，涼血解毒，消腫止痛。

茜草科	鉤藤屬	*Uncaria rhynchophylla* (Miq.) Miq.

鉤藤 (本草名：釣藤)

釣藤的莖具有鉤狀棘刺，因此又名鉤藤。其他基原植物還有華鉤藤 (*Uncaria sinensis* (Oliv.) Havil.)、大葉鉤藤 (*Uncaria macrophylla* Wall.)、白鉤藤 (*Uncaria sessilifructus* Roxb.)，但此三種台灣並無生長。

特徵 多年生常綠木質藤本植物。莖枝呈圓柱形或類方柱形，長約2至3公分，直徑約2至5公釐，表面黃褐至紫紅，有細縱紋，節上生有向下彎曲的雙鉤或單鉤，鉤呈黃褐色，扁平或稍扁圓形，鉤下有托葉痕，質硬，莖斷面有黃白色髓部。葉對生，革質，寬橢圓形或長橢圓形，頂端急尖或圓，基部圓形或心形，上表面光滑或沿中脈被短毛，下表面被褐色短粗毛，托葉2裂。頭狀花序球形，總花梗被黃色粗毛，花被褐色粗毛，花萼筒狀，5裂，花冠漏斗形，5裂，淡黃色，雄蕊5枚，子房下位。蒴果紡錘形，被毛，頂端冠以長4公釐的萼檐裂片。

別名 雙鉤藤、釣藤、吊鉤藤

產地 中國陝西、安徽、浙江、江西、福建、湖北、湖南、廣東、廣西、四川、貴州、雲南以及台灣、日本

葉上表面光滑或沿中脈被短毛

莖枝呈圓柱形或類方柱形

葉對生，革質，長橢圓形。

節上生有向下彎曲的鉤

用途
味甘，性微寒，無毒。效用：清熱、平肝、息風、定驚、鎮靜、止痙。主治：頭痛眩暈、感冒夾驚、驚癇抽搐、妊娠子癇、高血壓、小兒驚熱、高熱抽搐、小兒急驚風、肝風暈眩、小兒夜啼。

收錄：木之三　宋《開寶》	利用部分：根、莖、葉、花

| 茜草科 | 鉤藤屬 | *Uncaria hirsuta* Havil. |

台灣鉤藤（本草名：鉤藤）

　　由於葉腋具有反曲的鉤刺，因而有鉤藤之稱。又因全株被毛，也稱為毛鉤藤。它的莖皮材質堅韌耐拉扯，在台灣早期曾被當作繩索使用。目前這個品種的鉤藤屬於台灣的稀有及瀕危植物，歸類為「易受害」的保育等級。若有機會在野外看見它的蹤影，可得多加保護，不可任意採摘或傷害它。

特徵　多年生蔓性藤本植物。枝條方形，被軟毛。葉革質，長橢圓形或橢圓形，尖端銳形，基部圓形或略心形，兩面被褐色粗毛，葉柄長約5公釐，托葉大卵形，兩裂。花為球形頭狀花序，有花梗，腋生，苞片5片，密覆軟毛，宿存，花冠筒漏斗狀，綠白色，覆有軟毛，喉部無毛，裂片5或4，雄蕊在花冠的喉部，花絲很短，柱頭頭狀，子房密覆軟毛，紡錘狀，兩瓣開裂。蒴果，成熟時呈暗褐色至褐紅色，種子細小，數量很多，有翅。

別名　毛釣藤、毛鉤藤
產地　台灣及中國華南

花為球形頭狀花序

枝條方形，被軟毛。

葉革質，長橢圓形。

葉腋具有反曲的鉤刺，因而有鉤藤之稱。

用途
味甘，性涼，無毒。效用：清熱、平肝、定驚。主治：頭痛、眩暈、小兒癲癇、姙娠子癇、高血壓。

| 收錄：草之七　《別錄》下品 | 利用部分：帶鉤莖枝 |

| 旋花科 | 菟絲子屬 | *Cuscuta chinensis* Lam.（正品）/ *Cuscuta australis* R. Brown（市面上用量最大） |

菟絲子（本草名：菟絲子）

中藥的菟絲子，即是旋花科植物——菟絲子的乾燥成熟種子。葛洪所著《抱樸子》一書，稱菟絲子為仙藥，意指常食菟絲子可長命百歲，甚至成仙。在許多美容、養顏、強精藥的複方中都包含菟絲子，是中國傳統補陽中藥。菟絲子用沸水浸泡後，表面有黏性物，煮沸至種皮破裂，則露出黃白色細長捲旋狀的胚，稱「吐絲」。菟絲子無根無葉，全株呈橙黃色，由於無葉，不行光合作用，只靠吸附其他綠色植物的養分存活。人們以「菟絲戀」形容糾纏不清的戀情，便是從觀察菟絲子的生長形態而借用引喻。

蒴果被花冠隱藏，近球形或卵形。

特徵 一年生纏繞性寄生草本植物，細長的莖以纏繞方式纏住其他植物，受纏繞寄生的植物往往因養分被抽乾而致死。莖淡黃或淡金黃色，無根，葉退化成膜質鱗片。花萼裂片厚肉質呈三角形，壺形裂片反折呈三角狀卵形，鱗片呈長流蘇狀，蒴果被花冠隱藏，近球形或卵形，成熟時周裂，表面灰棕色或黃棕色，微粗糙；種臍近圓形，位於種子頂端；種皮堅硬不易破碎。中國菟絲子的性狀特徵，與正品極為相似，難以區分，唯有二者種子的橫切面特徵有所差異：不同品種的種皮，兩層柵狀細胞的長度比例不同。

別名 無根草、菟絲草

產地 熱帶非洲、亞洲（包含中國大部分地區、台灣、韓國、日本）、澳洲北部及東部、美國南方至墨西哥。

藥用部位是種子

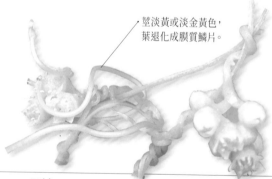

莖淡黃或淡金黃色，葉退化成膜質鱗片。

用途
味辛、甘，性平，無毒。效用：補腎、固精、強壯、明目、固胎、止瀉。可治療腎虛體弱、陰虛陽衰、遺精、腰痠背痛、小便頻數、慢性腎炎、食慾不振、先兆流產、月經不調、眼花、老人性白內障。現代藥理研究顯示，菟絲子具有抗癌、強化免疫功能及抗氧化等作用。此外，對於細菌性（葡萄球菌）所引起的下痢腸胃炎，也很有功效。

| 收錄：草之七 《本經》上品 | 利用部分：種子 |

| 旋花科 | 牽牛花屬 | *Ipomoea aquatica* Forssk. |

蕹菜（本草名：蕹菜）

　　蕹菜，因莖內中空，又稱「空心菜」，是夏季重要的葉菜類食物。蕹菜生命力強，喜歡高溫環境，水耕或旱地耕作都能生長良好，可說是水陸兩棲的強勢蔬菜。蕹菜的營養成分高，富含碳水化合物、脂肪、蛋白質等人體所需三大營養素，也含有多種礦物質、維生素、膳食纖維、粗纖維等。經常食用蕹菜，對人體腸道健康和血糖控制都有助益。

特徵　一年或多年生蔓性草本植物。植株高約30至50公分，莖圓形中空有節，具匍匐性，有乳白色體液，莖節極易發根。葉互生，呈卵圓形、長橢圓形或披針形（葉的型態視品種不同而多所變化），具長柄。花腋生，花冠呈漏斗形，形狀像牽牛花，顏色有淡紫和白色，開花後莖通常呈現蔓延方式生長。蒴果卵形，長約1公分，內藏種子2至4顆。

別名　甕菜、應菜、空心菜
產地　原產於中國，全球廣泛栽植。

花冠呈漏斗形，形狀像牽牛花。

葉形多所變化

因莖內中空，又稱「空心菜」。

株高約30至50公分，是夏季重要的葉菜類食物。

用途
味甘、淡，性涼，無毒。效用：清熱、解毒、利尿、止血。主治：高血壓、食物中毒、小便不利、尿血、咳血、瘡癤腫毒。

| 收錄：菜之二　宋《嘉祐》 | 利用部分：地上部 |

| 旋花科 | 牽牛花屬 | *Ipomoea nil* (L.) Roth. |

牽牛花 (本草名：牽牛子)

中藥裡的牽牛子是指：圓葉牽牛和裂葉牽牛的成熟曬乾種子，以及同屬近緣植物的乾燥種子。其中，種子表面灰黑色的稱為黑醜；淡黃白色的稱為白醜。尚未乾燥的種子具有劇毒，誤食會導致嚴重下瀉，乾燥過後的牽牛子毒性減弱，下瀉作用會較緩和，因此適合作為藥用。但大量食用，仍會刺激消化系統產生嘔吐、腹痛、劇瀉，甚至便血，嚴重時不僅導致腎臟血尿，也可能損害神經系統，出現語言障礙、昏迷等症狀。

一年生攀緣纏繞性草本植物，全株密被白色毛。

特徵 一年生攀緣纏繞性草本植物。全株密被白色毛，葉互生，闊心形，全緣。花序有花1至3朵，萼片5深裂，裂片卵狀披針形，長10公釐，先端尾尖，花冠白色、藍紫或紫紅，漏斗狀；雄蕊5枚；子房3室。蒴果球形，種子5至6粒，卵形，呈黑色或淡黃白，狀似橘瓣狀，背面有1條淺縱溝，腹面接線的近端處有1點狀種臍，微凹。

別名 喇叭花、朝顏、碗公花

產地 原產於南美洲，全球廣泛分布，包含台灣及中國大部分地區。

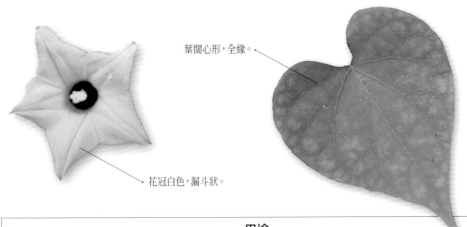

葉闊心形，全緣。

花冠白色，漏斗狀。

用途

味苦，性寒，有毒。效用：下氣、通二便、退水腫、殺蟲攻積、消痰滌飲。主治：腎炎水腫、腳腫、小兒腫病、逐痰水、利小便、蟲（蛔蟲、條蟲）積食滯、大便秘結、氣逆喘咳。

附註：正氣虛弱者、孕婦忌用；勿與巴豆同用。

| 收錄：草之七 《別錄》下品 | 利用部分：種子 |

馬鞭草科	鴨舌癀屬	*Phyla nodiflora* (L.) Greene

鴨舌癀 (本草名：石莧)

　　鴨舌癀的莖生長蔓延速度非常快，因而又名「過江藤」。在惡劣環境下，由於鴨舌癀依然生長得很好，現今成為護岸、定沙最適宜的植物之一，在鹽分高、海風強勁的海邊，常可看到它的蹤影。此外，鴨舌癀也是孔雀蛺碟和孔雀青蛺蝶幼蟲的食草之一，因此在海邊經常能見到這兩種蝴蝶穿梭飛舞。

特徵　多年生匍匐性草本植物。全株被短毛，莖細長，匍匐於砂地或岩石上，匍匐莖可蔓延達1至2公尺。單葉，對生，短葉柄，葉片上半部具粗鋸齒緣，基部狹楔形，倒卵形，厚紙質，僅具中肋1條。夏、秋開紫紅色或粉紅小花，穗狀花序，花多數密集，腋出，具長總梗，單生，橢圓形至短圓柱形，苞片卵形，花冠由苞片間抽出，狹筒狀，唇形，花萼膜質，2深裂，二強雄蕊，花柱1枚，子房2室。果實為核果狀，廣倒卵形，外果皮稍木質化。

別名　鴨舌癀、鴨嘴黃、過江藤、蓬萊草、鳳梨草、蝦子草

產地　南北半球熱帶及亞熱帶地區，包含台灣及中國南方地區。

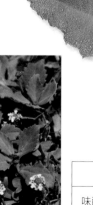

單葉，對生。

上半部具粗鋸齒緣

基部狹楔形

夏、秋開紫紅色小花

多年生匍匐性草本植物，全株被短毛。

用途

味酸、甘、微苦，性寒，小毒。效用：祛風、調經、清熱、解毒。主治：月經不調、白帶、女性不孕症、熱痢、腫毒、咽喉腫痛、帶狀泡疹。

收錄：草之九　宋《圖經》	利用部分：地上部

馬鞭草科	馬鞭草屬	*Verbena officinalis* L.

馬鞭草 (本草名：馬鞭草)

　　馬鞭草因植物的穗狀花序形如中國古代的馬鞭，故名。至於龍牙、鳳頸等別稱，同樣是形容其花穗。馬鞭草在西洋傳說中具有「讓愛情回來」的神奇功效，因此被冠上「魔法草」、「萬靈草」等稱號。根據傳說，讓愛情回來的方法很簡單：把一片馬鞭草葉放在掌心，一邊把葉子撚成針狀，一邊誠心說出對方的名字，直到掌心有馬鞭草的汁液，然後用沾著葉汁的手碰對方一下即可。其實，無論愛情是否回來，馬鞭草確實對人有所助益，因為馬鞭草有甜美的柑橘清香，又有香蜂草和天竺葵的香氣，如此獨特醇美的氣息，讓人心曠神怡，身心舒暢。

特徵　多年生草本植物，莖略呈方形，有分枝，疏被短粗毛。葉對生，紙質，輪廓為長橢圓形或卵形，葉緣粗鋸齒或羽狀深裂。穗狀花序，花冠管狀，先端裂片5枚，藍色或紫色，花期六至八月。蒴果包於宿存的管狀花萼內，有4分核。

別名　龍牙草、鐵馬鞭、燕尾草

產地　廣泛分布於全世界溫帶及亞熱帶地區，包括中國、台灣

穗狀花序，藍色或紫色。

馬鞭草曬乾的葉子可以泡茶

莖略呈方形

葉緣粗鋸齒或羽狀深裂

因穗狀花序形如中國古代的馬鞭，故名馬鞭草。

用途

苗、葉：味苦，性微寒，無毒；主治陰部生瘡，治腹部腫塊、血塊、久瘧，有破血、殺蟲的功效。又可治療女氣血不調、肚脹、月經不調，可通月經，還可治療金屬創傷、活血化瘀。搗爛塗於癰腫及尿瘡，治男子陰部腫脹、睪丸痛。
根：味辛、澀，性溫，無毒；主治赤白下痢。

馬鞭草科	牡荊屬	*Vitex negundo* L.

黃荊 (本草名：牡荊)

　　黃荊的莖皮可用於製造紙或人造棉材質。花朵為良好的蜜源植物。全株可入藥，因其中含紫花牡荊素（Casticin），具抗炎作用。中藥裡的「牡荊子」是經曝曬後的果實，加水煎服後，用於治療感冒、頭痛等症狀，根、葉可水煮飲用，會產生發汗效果。此外，排灣族曾把黃荊汁液當作染黑牙齒的原料。

特徵　牡荊的樹幹自基部分枝。葉片具柄對生，掌狀複葉的葉序，小葉的質地為紙質，葉型呈橢圓狀卵形至披針形，葉背面密生白色絨毛，經過搓揉後有特殊香味。花色呈淡紫色，具鐘形花萼和唇形花冠，頂生的圓錐花序，夏秋兩季開花。倒卵形的果實被存留的萼片所包被，果熟時呈黑色。

中藥裡的「牡荊子」是黃荊經曝曬後的果實。

別名　埔姜仔、埔荊茶
產地　中國、印度、錫蘭、馬來西亞、熱帶非洲、台灣

花淡紫色

掌狀複葉，搓揉後有特殊香味。

用途
味辛微苦，性平。主治：風寒感冒，咳嗽哮喘。

收錄：木之三　《別錄》上品　｜　利用部分：果實、葉、根、莖

| 馬鞭草科 | 牡荊屬 | *Vitex rotundifolia* L. f. |

海埔姜 (本草名：蔓荊)

　　海埔姜抓地力強，可發揮水土保持功效，是台灣海濱的優勢植物。果實為中藥的「蔓荊子」，入藥可解熱和治感冒。蔓荊可食部位是果實及葉片，海埔姜的葉片或果實曬乾後，可煮成涼茶飲用，除了解熱之外還具有明目醒腦功用。

特徵　屬於藤蔓狀灌木，全株披被著白色柔毛，以匍匐莖臥於地面，節處生根以固著於陸地上，植株具有特殊的氣味。葉序對生，單葉的葉質為厚紙質，葉緣呈全緣，葉背面灰白色，葉的兩面皆生有短柔毛及腺體。花色呈藍紫色為多，唇形的花冠，上唇2裂，2裂前端銳尖呈三角形；下唇3裂，以中裂片最明顯；頂生及腋生之花序有時可見圓錐或總狀的排列方式，鐘狀花萼上覆絨毛。4枚雄蕊中有2枚雄蕊較明顯伸出花冠筒外 (亦即二強雄蕊)，雄蕊基部也具細毛；花柱1枚，其柱頭2裂。球形核果的果實由殘存的花萼包覆，成熟時會轉為近黑色，直徑約內0.5公分的果實中具種子4枚，大約每年的八至十月是果熟期。春至秋季皆可採集蔓荊的葉片，冬季它的葉片會掉落以減少水分散失。

別名　蔓荊子、山埔姜、埔姜仔

產地　台灣、中國、日本、東南亞太平洋熱帶島嶼

果實由殘存的花萼包覆

藤蔓狀灌木，全株披被著白色柔毛。

花藍紫色，上唇2裂，下唇3裂。

葉兩面皆有短柔毛及腺體，葉背灰白。

用途
蔓荊子味苦微辛，性涼。主治：果實具清涼解熱，也利於頭目。葉具消腫止痛等功用。

| 唇形科 | 益母草屬 | *Leonurus japonicus* Houtt. |

益母草 (本草名：茺蔚)

　　茺蔚得名於一則孝子故事。從前有個名叫茺蔚的小孩，他母親生他時得了「月子病」，腹部瘀血疼痛，久治不癒。小茺蔚懂事之後外出為母親求藥，一日他借宿白廟，廟內老僧為他的孝心感動，送他一首詩：「草莖方方似黃麻，花生節間節生花，三稜黑子葉似艾，能醫母疾效可誇。」隔天小茺蔚外出尋找，找到了符合詩中描述的植物，給母親服用後，宿疾終於痊癒。此後，人們就把這種草取名為「益母草」，而其種子則稱做「茺蔚子」。

特徵　一年生草本，高可達1公尺，莖4方形，有毛。葉片輪廓為卵形，先掌狀3全裂，裂片再分裂成條狀小裂片，兩面被短毛。聚繖花序輪生於葉腋，花冠紫紅色，筒狀，先端二唇形，上唇直立，下唇3裂，中裂片較大，先端倒心形。小堅果3稜形。

別名　益明、貞蔚、紅花艾、益母蒿、四稜草

產地　日本、韓國、中國各地，台灣分布於低海拔路邊。

聚繖花序輪生於葉腋，花冠紫紅色。

乾燥切段的益母草藥材

葉先掌狀3全裂，再分裂成條狀小裂片。

用途
茺蔚子：味辛、甘，性微溫，無毒。能明目益精，除水氣，久服輕身。療血逆、高燒、頭痛心煩，治產後血脹，順氣活血，養肝益心，安定神志，調婦女經脈，治崩中帶下，產後胎前各種病，久服令有子。春仁生食，能補中益氣，通血脈、填精髓、止渴潤肺、治風解熱。莖、苗、葉、根：味辛、微苦、甘，性寒，無毒。主治蕁麻疹，可作湯洗浴。搗汁服用，治浮腫，能利水。消惡毒疔腫。服汁可下死胎；搗碎外敷可治蛇、蟲毒。另可令人容顏光澤，除粉刺。

| 收錄：草之四　《本經》上品 | 利用部分：全草及成熟果實 |

唇形科	益母草屬	*Leonurus sibiricus* L. f. *albiflora* (Miq.) Hsieh

白花益母草 (本草名：茺蔚)

　　益母草，顧名思義，可知道它能治婦人病。除此之外，唐代醫師王燾在「外台祕要」中提到，武則天用益母草敷臉，以長保青春。新唐書亦記載：「太后雖春秋高，善自塗澤，雖左右不悟其衰。」可見以益母草駐顏，能令人容顏光澤，還可除粉刺。每天早晚用益母草擦洗面部及雙手，很快便能感受皮膚轉為滑潤。

特徵　一年生草本植物，高50至90公分，全株被細毛，莖方形，直立。葉對生，根生葉有長柄，3裂，中間裂片再3裂，兩側裂片再2裂，莖生葉無柄，羽狀深裂。輪繖花序，腋生，花冠唇形，白色，花萼鐘狀，先端5裂。小堅果黑色，具3稜。

別名　白坤草、益明、貞蔚、益母蒿、四稜草
產地　中國、台灣

花冠唇形，白色，腋生。

莖方形，直立。

根生葉有長柄，3裂。

用途
茺蔚子：能改善視力，治療眼病，補益精氣，消除水腫。長期服用可使身體輕捷。益母草味辛能散，味苦能泄，微寒清熱，因此有活血去瘀的功效，非常適合治療婦科的病症。益母草還有利水消腫、解毒的作用。此外，諸如流產、難產、胎盤不下、產後大出血、血分濕熱又外感風邪、非經期大出血、白帶異常、產後胎前各種病症及不孕不育等，都在其主治之列。 附註：服用茺蔚子需有醫師處方，因大量食用易生中毒現象。

收錄：草之四　《本經》上品	利用部分：全草、成熟果實

唇形科	零陵香屬	*Ocimum basilicum* L.

羅勒 (本草名：羅勒)

羅勒就是我們熟悉的「九層塔」，得名於：開花時，莖上的花朵約有九層，每層有三個花頭。羅勒在世界各地料理中都是常用香菜，因此號稱「香草之王」。新鮮羅勒葉的香氣最為濃郁，但烹調過程中容易喪失香味，在中華料理中，通常最後才加入提味。歐美國家則多使用乾燥的羅勒葉，以添增食物風味。

特徵 一年或二年生草本植物。植株高20至80公分，全草具強烈香味，莖呈四棱形；植株為綠色，也有品種呈現紫色。葉對生，卵形，長2至8公分，全緣或略鋸齒狀，葉柄長，被面灰綠色，有暗色油胞點。頂生穗狀輪散花序，上間隔生長總狀花，6至8個輪生；花呈白色或微紫紅。果實為小堅果。種子卵圓形，顆粒小，呈黑色。

株高20至80公分，全草具強烈香味。

別名 零陵香、九層塔、千層塔
產地 熱帶非洲及亞洲，全球廣泛栽植。

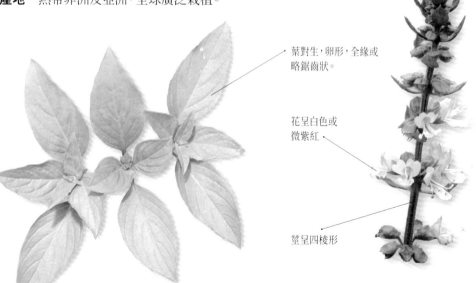

葉對生，卵形，全緣或略鋸齒狀。

花呈白色或微紫紅

莖呈四棱形

用途
味辛，性溫，微毒。效用：祛風、利濕、發汗解表、健脾、化濕、散瘀、止痛。主治：嘔吐、風寒感冒、頭痛、胃脹腹滿、消化不良、胃痛、月經不調、跌打損傷、蟲蛇咬傷、濕疹、皮膚炎。

收錄：菜之一　宋《嘉祐》	利用部分：葉、種子

| 唇形科 | 夏枯草屬 | *Prunella vulgaris* L. |

夏枯草 (本草名：夏枯草)

夏天時會枯萎，所以得名「夏枯草」。

　　大多數植物是在春夏發芽生長，於秋冬枯萎凋零，而夏枯草之所以得名，就是因冬天生長，夏天枯萎。以下為一則夏枯草的傳說故事：書生名茂松，自幼勤讀四書五經，卻屢試不第，於是積鬱成疾，頸部長出許多瘰癧 (即淋巴結核)，如蠶豆大小，形似鏈珠，久醫無效，病情越來越嚴重。茂松的父親為救兒子，不遠千里尋找神農氏，一日，他體力不支昏倒在百草如茵的仙境，原來這就是神農的藥圃！神農氏將茂松父親救醒，並聽到他的需求後，摘了一個藥草給他，說道：「此名夏枯草，當夏天枯黃時採集入藥，有清熱散結之效。」

特徵　多年生草本植物，高約30公分，全株被白色細毛，莖多不分枝，具4稜，常呈紫紅色。葉對生，卵形，有毛，葉緣稍具鋸齒。花序頂生，整體外型呈圓桶狀，為輪生的聚繖花序組成，每一聚繖花序6朵花，由一枚腎形的葉狀苞片所包圍；花萼漏斗狀，花冠筒狀，紫紅色或藍紫色，先端裂成唇形，上唇盔狀，下唇3裂，中裂片較大，邊緣細齒狀，花期於夏季。小堅果橢圓形，褐色。

別名　鐵色草、大本夏枯草

產地　中國、日本、韓國，台灣可見於北部海拔1,500公尺以下地區。

花冠筒狀，紫紅色或藍紫色。

葉卵形，有毛，葉緣稍具鋸齒。

株高約30公分，全株被白色細毛。

用途

味苦、辛，性寒，無毒。果穗可清肝火、明目、散鬱結、消腫。用於目赤腫痛、目珠夜痛、頭痛炫暈、乳癰腫痛、甲狀腺腫大、淋巴結結核、乳線增生症、高血壓。莖、葉：可治寒熱淋巴結核、瘻管及頭瘡、破腹部結塊、散瘻管結氣、腳腫濕痺，又可輕身。全草為利尿劑，治淋病、子宮病、乳癌等。其藥材為棒狀。

收錄：草之四 《本經》下品　　　　　利用部分：乾燥帶花的果穗、全草

茄科	曼陀羅屬	*Datura metel* L.

洋金花 (本草名：曼陀羅花)

曼陀羅為梵語的音譯，是「雜色」之意。根據《法華經》記載，佛說法的時候，天上降下了曼陀羅花。此外，李時珍說道：「相傳，此花笑著採去釀酒，飲了會令人發笑；舞著採去釀酒，飲了會令人起舞。我常試驗它，飲至半酣，再讓一人或笑或舞以引導，很靈驗。」據說名醫華陀的兒子沸兒因為吃了過量曼陀羅，心臟麻痺而亡。華陀心痛之餘，將曼陀羅和生草烏、香白芷、當歸、川芎、天南星等藥材，製成「麻沸散」。每當他為人開腦剖腹治病前，讓患者和酒服下，做為麻醉藥，減少病人諸多痛苦，造福世人。

特徵 一年生半灌木狀草本，高可達2公尺，莖基部木質化，幼枝略帶紫色。單葉互生，卵形或寬卵形，膜質，邊緣呈不規則齒狀或淺裂，偶而全緣。花單生於枝的分叉處或生於葉腋間，花萼筒狀，黃綠色，花冠漏斗狀，有時成2輪或3輪的重瓣，花色有白色、黃色、淡紫色等，先端裂片通常5枚。蒴果近於球形，疏生粗短刺。

別名 曼陀羅、風茄兒、山茄子、大鬧陽花

產地 原產於印度，現今全世界溫帶至熱帶地區皆有分布，中國各地都有栽種，台灣可見於全島低海拔地區。

葉互生，卵形或寬卵形，膜質。

花冠漏斗狀，花色白。

用途

味辛，性溫，有毒。主治諸風及寒濕腳氣，煎湯洗。又治驚癇及脫肛，還可作麻藥。此外，將曼陀羅花曬乾後研成末，敷貼少許，可治臉上生瘡。曼陀羅除了可用於醫療上，也會被拿來做壞事，例如武俠小說中常提到的蒙汗藥，或是使人昏迷的悶香，可能含有曼陀羅成分。

茄科	枸杞屬	*Lycium chinense* Mill.

枸杞 (本草名：枸杞、地骨皮)

　　枸杞乾燥的成熟果實稱為「枸杞子」，根皮稱為「地骨皮」。枸杞葉可用來泡枸杞茶或食用，枸杞子可入菜或泡茶，地骨皮多為藥用。採挖枸杞後，剝下根皮曬乾，即為地骨皮。地骨皮含桂皮酸、酚類物質及亞油麻酸等，入藥具降血壓、降血糖等作用。

特徵　植株約為灌木或小喬木，刺狀枝短生在葉腋上。葉片互生或叢生，葉片呈卵狀披針形，全緣，基部楔形延至葉柄，葉柄短，質柔地軟無毛。單一或數朵花簇生，花腋生，鐘狀花萼的前端有2至3個深裂。花冠呈漏斗狀，花瓣的管狀部份長度約8公釐，管內雄蕊著生處的上方長著一輪柔毛；管狀部份前端5裂花瓣，花瓣長約5公釐，花瓣呈粉紅色或淡紫紅色，具暗紫色脈紋；雄蕊5枚，雌蕊1枚，線形花柱具頭狀柱頭，子房2室。卵圓形的漿果外型呈橘紅色，基部有白色果梗痕，肉質果肉具有粘性，果實味道較甜帶點微酸，其內有許多扁腎形種子，種子長約1.5至2公釐。

別名　甘杞、枸棘、山枸杞、明眼草

產地　中國、台灣、日本、韓國

葉片呈卵狀披針形，全緣。

漿果呈橘紅色，就是我們常用的枸杞子。

刺狀枝短生在葉腋上

花瓣呈淡紫紅色，具暗紫色脈紋。

枸杞多為灌木或小喬木

用途

味甘，性平，無毒。地骨皮味甘，性寒。地骨皮具清熱、涼血的功用。枸杞子具滋腎、潤肺、明目、溫熱身體的效果。

附註：地骨皮脾胃虛寒者忌服。

收錄：木之三　《本經》上品	利用部分：根皮、果實

| 茄科 | 茄屬 | *Solanum lyratum* Thunb. |

白英 (本草名：白英)

　　白英因為密生白色軟毛，又稱為「白毛藤」。另有一種中藥——尋骨風，別名也叫白毛藤。為此，中醫師若要民眾前往中藥行抓藥，處方名應寫「白英」，才不致誤用藥材，使病人身體遭受無妄之災。

特徵　多年生蔓性草本植物，莖及葉密生白色柔毛。葉互生，柄長2至3.5公分，葉片長卵形，全緣或戟狀3裂，卵形至卵狀長橢圓形，先端漸尖，基部全緣或有3至5深裂，中裂片卵形，較大，兩面均被柔毛，葉柄被柔毛長約3公分。聚繖花序，頂生或腋生，密生毛，花梗細長，花序為下垂性雙聚繖花序，花朵多數，花冠藍或白色，花冠5深裂，自基部向外反折，花萼5淺裂，雄蕊5枚，花藥頂孔裂，花絲短扁，基部合生，子房2室。漿果為圓球形，熟時呈紅色。

別名　金扭仔癀、白毛藤、毛風藤、白草、鈕仔黃

產地　中國南部及中部、台灣、中南半島、韓國及日本

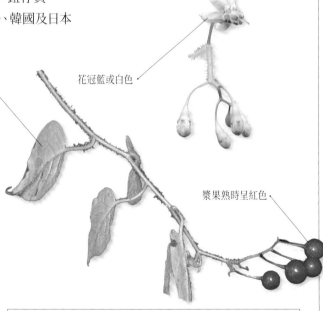

花冠藍或白色

葉互生，長卵形。

漿果熟時呈紅色

多年生蔓性草本植物，莖及葉密生白色柔毛。

用途

地上部位：味甘、苦，性寒；根：味苦、辛，性平；果實：味酸，性平，無毒。效用：清熱、解毒、袪風、利濕、化瘀、明目。主治：感冒發熱、黃疸型肝炎、膽囊炎、膽石症、子宮頸糜爛、白帶、淋病、腎炎水腫、乳腺炎、風濕關節炎、牙痛、頭痛、淋巴結結核、痔漏、風疹、丹毒。

附註：體虛濕熱者忌用。

收錄：草之七　《本經》上品　　　　　　　利用部分：全草

| 茄科 | 茄屬 | *Solanum melongena* L. |

茄 (本草名：茄)

　　茄亦即我們日常所稱的「茄子」。茄子的營養豐富，富含蛋白質、脂肪、鈣、磷、膳食纖維及維生素B、C、P等，其中含量豐富的維生素P有助於預防血管硬化、降低膽固醇。因此，患有高血壓及高血脂的病患，可在日常飲食中適量攝取茄子。唯要注意的是，一般坊間餐廳多以油炸方式料理茄子，不利心血管疾病的患者，應改攝食水煮或蒸煮的茄子料理。

特徵　一年或多年生草本植物。植株高約60至100公分，莖直立，基部木質化，上部分枝呈綠色或紫色，無刺或有疏刺，全株被星狀柔毛。葉片單葉互生，形狀呈卵狀或橢圓形；先端鈍尖，葉緣波狀淺裂，呈暗綠色，葉柄長2至5公分。聚繖花序側生，花數朵，花萼鐘形，頂端5裂，裂片披針形；花冠紫藍色，直徑約3公分，裂片長卵形，開展，具細毛；雄蕊5枚，花絲短著生花冠喉部，花藥黃色，分離，圍繞花柱四周，頂端孔裂；雌蕊1枚，子房2室，花柱圓柱形，柱頭小。漿果長橢圓形、球形或長柱形，呈深紫、淡綠或黃白色，表面光滑，基部有宿存萼。

別名　紅茄、草鱉甲、崑崙瓜、茄子

產地　可能源自印度—緬甸地區，全球廣泛栽植，包括中國及台灣。

雄蕊5枚，花藥黃色。

基部有宿存萼

茄子表面光滑

花冠紫藍色

株高約60至100公分

用途

味甘，性寒，無毒。效用：清熱、涼血、止痛、消腫、利尿、解毒。主治：牙痛、子宮脫垂、皮膚或口腔潰瘍、便祕、痔瘡、高血脂、高血壓、黃疸、汗斑、跌打損傷、胃炎。

附註：脾胃虛寒、哮喘者不宜多吃。

| 收錄：菜之三　宋《開寶》 | 利用部分：果實、蒂、花、根、莖、葉 |

茄科	茄屬	*Solanum nigrum* L.

龍葵 (本草名：龍葵)

　　龍葵生命力強韌，舉凡路旁、田邊或荒地上，都可見到它的蹤跡。龍葵的幼嫩莖葉不僅是美味的野菜，煮成湯，便成為原住民的解酒飲料。此外，戰亂中的人也以路邊的龍葵充饑裹腹。從前的孩子苦無零食，他們會摘採龍葵的紫色果實解饞。在許多人心目中，龍葵充滿了記憶的滋味。

株高可達1公尺，被單毛。

特徵　一年生草本，高可達1公尺，被單毛。單葉互生，卵形，全緣或波狀疏鋸齒緣。繖形花序著生於節間，花冠白色，開展；漿果球形，成熟時黑色，無光澤，直徑8至10公釐。全年皆有開花、結果。

別名　苦菜、老鴉酸漿草、烏甜菜、烏仔菜

產地　廣泛分布於亞洲與歐洲之溫帶地區及印度、日本、中國，台灣常見於海拔600至3,000公尺之開墾地。

花冠白色

葉互生，卵形，全緣或波狀疏鋸齒緣。

用途

龍葵苗：味苦、微甘，性滑、寒，無毒。能解除疲勞，減少睡眠，去虛熱浮腫，治風症，補益男子元氣虛竭，治女人敗血。消熱散血，壓丹石毒。龍葵子：療腫，明目輕身，治風疾，益男子元氣，治婦女敗血。龍葵根、莖、葉：搗爛，和土敷疔瘡、火丹瘡，效果良好。治癥疽腫毒，跌打損傷，能清腫散血。

附註：龍葵果實生食汁多甘甜，但由於含龍葵鹼，生食多量則易中毒，嘔吐。

收錄：草之五　《唐本草》　　　　　　利用部分：果實、全草

| 茄科 | 龍珠屬 | *Tubocapsicum anomalum* (Franch. & Sav.) Makino |

龍珠 (本草名：龍珠)

　　龍珠可見於台灣和蘭嶼的中、低海拔陰濕山區，因葉子呈鮮綠色，搭配鮮紅的成熟果實，相當引人注目，可做為觀果植物。此外，龍珠全草有療效，能清熱解毒、利尿，果實還可除煩熱，並治惡瘡、癧腫，是具有廣泛功效的藥用植物。

株高可達1.5公尺，被短單毛。

特徵　直立草本，高可達1.5公尺，被短單毛。單葉互生，葉卵形，近於全緣，膜質，光滑無毛。花數朵簇生於枝條分叉處，花冠黃色，蠟質或光亮，鐘形，裂片5枚，先端反捲；漿果近於球形或橢圓形，成熟時紅色，光亮，多汁。

別名　赤珠

產地　日本、韓國、中國南部、泰國、菲律賓、印尼，台灣常見於海拔2,000公尺以下之森林邊緣、岩石溪床及有遮陰的海邊。

葉互生，卵形，近於全緣。

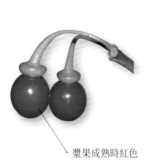

漿果成熟時紅色

用途
龍珠苗：味苦，性寒，無毒。可令白髮轉黑，令人興奮不睡。治各種熱毒，石氣髮動，調中解煩。龍珠子：療腫。

收錄：草之五　《拾遺》　　　　　利用部分：全草、果實

| 玄參科 | 婆婆納屬 | *Veronica undulata* Wall. |

水苦賈（本草名：水苦蕒）

　　中藥裡的「水苦蕒」，指的是玄參科植物水苦賈的果實。在中國四川地區，水苦蕒則選用其蟲癭，亦即帶有寄生蟲的果實。這種植物多半做為中藥，通常不當野菜食用。

特徵　一年或二年生草本植物。全株無毛或花柄及苞片上稍有細小腺狀毛，莖直立，植株高約25至70公分，肉質，莖中空，基部略呈傾斜。葉對生，長圓狀披針形或長圓狀卵圓形；先端圓鈍形或尖銳狀，全緣或具波狀齒，基部呈耳廓狀微抱莖上，無柄。總狀花序，腋生；苞片橢圓形，細小，互生，花有柄；花萼4裂，裂片狹長橢圓形，先端鈍；花冠淡紫色或白色，具淡紫色線條；雄蕊2枚，突出，雌蕊1枚，子房上位，花柱1枚，柱頭頭狀。蒴果近圓形，先端微凹，常有小蟲寄生，寄生後果實常膨大成圓球形。果實內藏多數細小種子，呈長圓形，扁平狀。

別名　苦菜、天香菜、水菠菜、蟲蟲草、水澤蘭

產地　日本、韓國、尼泊爾、印度、中國河北、江蘇、安徽、浙江、四川、雲南、廣西、廣東及台灣

花冠淡紫色或白色，
具淡紫色線條。

葉先端圓鈍形或尖銳狀，
全緣或具波狀齒。

株高約25至70公分

用途
菜：味苦，性寒，無毒；花、子：味甘，性平，無毒。效用：清熱、利濕、止血、化瘀、解渴。主治：腹瀉、惡瘡、蛇咬傷、痢疾、痔瘡、血尿、黃疸、感冒、喉嚨痛、勞傷咳血、月經不調、疝氣、跌打損傷。

| 收錄：菜之二　宋《圖經》 | 利用部分：根、果實 |

胡麻科	胡麻屬	*Sesamum indicum* L.

胡麻 (本草名：胡麻)

　　胡麻子所搾成的胡麻油富含不飽和脂肪酸——亞麻油酸，是人體不可或缺的脂肪酸，因營養豐富，自古以來即是國人養身保健的健康食品。此外，胡麻的莖皮可製成耐用的麻繩或麻布袋，是具有經濟價值的農產品。

特徵　一年生草本植物。莖四稜形直立不分枝，株高約40至70公分，有短柔毛。單葉對生，偶在枝條先端呈互生狀，卵形、橢圓形或披針形，先端銳尖或截斷狀，紙質，全緣或有鋸齒；莖下部的葉片偶呈3淺裂，表面為有光澤的綠色，背面淡綠色，表裡兩面皆光滑無毛或稍有柔毛；中肋於表面凹下而於背面隆起，側脈每邊5至9枚，細脈明顯；葉柄長約1.5至6公分，具有柔毛。花略小單生或2至3枚叢生葉腋，顏色白中帶紫或黃，花柄長2至5公釐，有毛茸；雄蕊4枚，不伸出花冠外，子房上位，圓柱形，有柔毛，胚珠多數；花柱細長，不伸出花冠外，柱頭薄片狀，有毛茸。果實為蒴果，圓柱形或橢圓形，有稜4、6或8條，成熟時縱裂，有短柔毛。種子多數，扁平圓形，呈黑色、白色或淡黃色。

別名　烏麻、油麻、黑芝麻、白芝麻

產地　廣泛種植於亞洲、非洲、南美洲的熱帶及亞熱帶地區，溫帶地區也有種植。台灣主要栽植於中、南部

株高約40至70公分

種子可搾油

花白中帶紫或黃

單葉對生，紙質，全緣或有鋸齒。

果實有稜

用途

味甘，性平，無毒。效用：補肝腎、益精血、潤腸燥、通乳、袪風。主治：頭暈眼花、耳鳴、耳聾、鬚髮早白、病後脫髮、腸燥便秘、婦人乳少、潤腸、潤肺、半身不遂、燙傷、腰腳酸痛、痔瘡腫痛、疔腫惡瘡。

收錄：穀之一　《別錄》上品　　　　利用部分：種子

紫葳科	梓屬	*Catalpa ovata* G. Don

梓樹 (本草名：梓)

以前農家常喜歡在家裡的前後院摘種梓樹，一方面其葉子寬大可以遮蔭，另一方面則因梓樹生長快速，適合用來當薪柴。從前人將自己家鄉稱為「桑梓」，便是因為桑樹和梓樹都是家中必種的樹木。此外，由於梓樹的果實、樹白皮和根白皮可入藥，因此有「梓白皮」此中藥材。

特徵　落葉形喬木，高度可達10公尺以上，樹皮為灰褐色，具有縱裂，幼枝為紫色。單葉對生，寬卵至近圓形，前端尖而基部圓形或心形，常3至5淺裂不分裂，掌狀5出脈，脈腋有紫黑色腺斑，全緣。花期五至六月，圓錐花序頂生，花冠黃白色，具紫色斑點。果期為夏季，蒴果長圓柱形，熟時深褐色。種子扁平，長橢圓形，長約5公釐，兩端簇生白色長軟毛。

別名　臭梧桐、水桐、梓白皮
產地　中國各地

花冠黃白色，具紫色斑點。

蒴果長圓柱形

單葉對生，寬卵至近圓形。

落葉形喬木，高度可達10公尺以上。

用途
味苦，性寒，效用：清熱，解毒，殺蟲。主治：時病發熱，黃疸，反胃，皮膚瘙癢，瘡疥。

收錄：木之二　《本經》下品	利用部分：根皮、葉

爵床科	爵床屬	*Rostellularia procumbens* (L.) Nees

爵床（本草名：爵牀）

株高15至30公分，莖被刺毛。

　　中醫認為爵床味鹹可入腎，性寒可清熱，因而具有清熱解毒、活血止痛、消滯利濕的療效。腰背痛，通常有三種可能原因：一是濕熱留滯腰脊，一是瘀血阻於腎絡，另一是精虧腰脊失養。爵床入腎而利水濕，導水、排水之後，水濕祛除，則腰痛自然停止。

特徵　草本植物，高15至30公分，莖直立或多分枝，被刺毛。單葉對生，紙質，橢圓狀長橢圓形、卵形或圓形，全緣。穗狀花序頂生，花冠淡紫色，先端2唇裂，上唇直立。蒴果長橢圓形，基部具短柄，成熟時背裂成2瓣。

別名　爵麻、鼠尾癀、小本鼠尾癀、鼠尾紅

產地　台灣、中國、印度、中南半島、馬來西亞、澳洲、菲律賓、日本

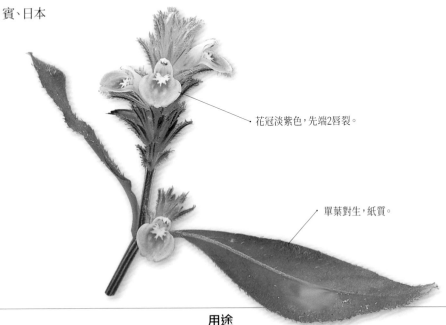

花冠淡紫色，先端2唇裂。

單葉對生，紙質。

用途

味鹹、微辛，性寒，無毒。主治腰背疼痛得不能著床，低頭、仰頭都很艱難，除濕熱，可煎湯沐浴。又可消除血脹下氣，治療各種瘡傷，搗汁外敷可立即痊癒。此外，還有退寒熱、利水濕、截瘧疾、療淋疝、解煩熱、理小腸火、治目赤腫痛、消除咽喉腫痛等功效。

收錄：草之三　《本經》中品	利用部分：全草

| 車前科 | 車前屬 | *Plantago asiatica* L. |

車前草 (本草名：車前)

　　相傳西漢名將馬武在征討羌人的戰役中遭圍困荒山野嶺。時值盛夏，氣候酷熱乾旱，飢渴交迫下，士兵腹痛腹脹、小便困難，馬匹則虛脫無力，甚至排出血尿，眼看就要全軍覆沒。某日，一名士兵發現他的馬不尿血，精神也變好了，仔細觀察，發現愛馬在吃馬車前的一種野草，於是也拔了幾棵草來吃。不一會兒，士兵精神大振，小便也順利了。後人由於這種草在馬車前發現，因而稱為「車前草」。車前草煮茶，清淡爽口，很能解渴，為市售青草茶的重要原料之一，台灣民間稱為「五斤草」。

特徵　多年生草本，全株光滑，高10至30公分，莖粗壯。單葉叢生成蓮座狀，葉柄長，葉片卵形或寬卵形，全緣。穗狀花序基生，花白色，無柄，萼片4枚，花冠管狀，先端裂片4枚。蒴果卵形，成熟時棕色，蓋裂，也就是成熟時會在果實上端橫向開裂，使果實上端呈蓋狀脫離。

別名　當道、牛舌草、車輪菜

產地　分布東亞及南亞，中國各地皆有，台灣可見於低至高海拔山區的草地及路邊。

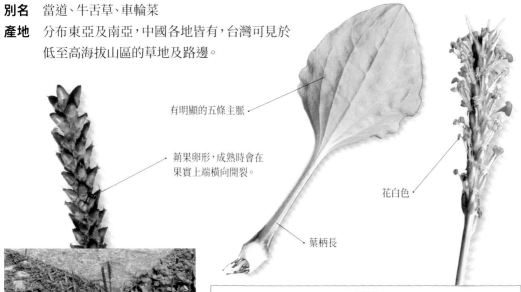

有明顯的五條主脈

蒴果卵形，成熟時會在果實上端橫向開裂。

花白色

葉柄長

株高10至30公分，單葉叢生成蓮座狀。

用途

草及根：味甘，性寒，無毒。利小便，除濕痺，治癃閉，久服健康長壽。治男子損傷中氣、女子小便淋瀝不盡、食慾不振，能養肺，壯陽益精，使人能生育，明目、治療眼睛紅腫疼痛。可清小腸熱，止夏季因濕氣傷脾所引起的痢疾。主治金屬創傷，止鼻血，治瘀血血塊、便血、小便紅赤，除煩降氣，除小蟲。

附註：腎虛遺滑者慎用。

忍冬科	忍冬屬	*Lonicera japonica* Thunb.

忍冬 (本草名：忍冬)

　　忍冬的花朵在夏秋兩季綻放，因為能度過整個冬季而不凋謝，故名為「忍冬」。忍冬花初開時為白色，而後隨著時間逐漸轉黃，在一整片忍冬花中因有白花與黃花混雜其中，所以又名「金銀花」。

特徵　多年生常綠纏繞性木質藤本植物。蔓莖可長達數公尺，嫩莖有毛，老莖粗糙呈灰白色。單葉對生，短葉柄，橢圓形或卵形，先端或尖或鈍或圓，基部圓或近心形，紙質或薄革質；全緣或呈波狀緣，表面有光澤略帶絨毛，背面密生絨毛，特別是葉脈部位；中肋於表裡兩面均隆起，側脈每邊4至5枚，小脈網狀，不明顯。花對生，子房相連，花瓣白色，而後逐漸轉變為黃色，長1.5至3.5公分，腋生；花冠有細長花冠筒，外面有毛且有腺體，筒長2至2.5公分，瓣片2唇裂，長1至1.5公分。果實為漿果，球形，初為青綠色，成熟時為黑色，徑5至8公釐；種子少數，扁卵形，褐色，徑3至4公釐。

別名　金銀花、鴛鴦藤、左纏藤
產地　中國、日本、台灣

藥用部位為花蕾

花成對生長，子房相連，花瓣白色。

葉對生，短葉柄，橢圓形或卵形。

蔓莖可長達數公尺，花初開時為白色，後會轉成黃色。

用途
味甘，性溫，無毒。效用：解毒、退火、消炎、利尿。主治：關節炎、腸炎、膀胱炎、腎臟炎、風濕、筋骨酸痛、感冒、喉炎、胃炎。

收錄：草之七　《別錄》上品	利用部分：花蕾

| 忍冬科 | 接骨木屬 | *Sambucus javanica* Reinw. ex Blume |

冇骨消 (本草名:蒴藋)

　　冇骨消的「冇」念「ㄇㄡˇ」,由於是「有」字少了中間兩橫,即意為「沒有」。此外,冇骨消的台語則稱之為「ㄆㄚˋ骨消」。兩種稱呼都點出其特徵:莖的髓心很軟,近似中空無骨。冇骨消在台灣是重要的蜜源植物,常吸引許多蝴蝶、蜜蜂與螞蟻。其單一朵花雖然細小,花色也不豔麗,但整個花序龐大,到了花期,無數的蜜蜂蝴蝶圍繞著它飛舞採蜜,十分引人注目。

冇骨消是重要的蜜源植物

特徵　多年生木質草本或小灌木,高可達3公尺。奇數羽狀複葉對生,具長柄;小葉3至5枚,幾乎無柄,膜質,披針形,邊緣鋸齒狀。複繖房花序頂生,花序多少有毛;花單性,雄花與雌花生於同一花序,雄花白色,花冠輪狀,先端5裂;雌花無花瓣,花序間並有少數黃橘色杯狀蜜腺,花期五至九月。核果呈漿果狀,球形,肉質,成熟時轉為紅色。

別名　蒴藋、七葉蓮、接骨草

產地　日本、中國華南及華中等地,台灣則常見於海拔2,000公尺以下山區。

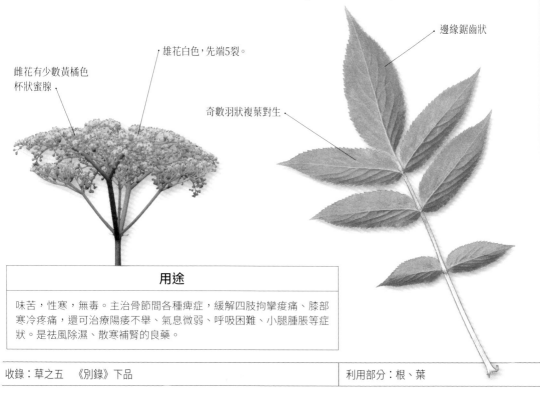

邊緣鋸齒狀

雄花白色,先端5裂。

雌花有少數黃橘色
杯狀蜜腺

奇數羽狀複葉對生

用途

味苦,性寒,無毒。主治骨節間各種痺症,緩解四肢拘攣痠痛、膝部寒冷疼痛,還可治療陽痿不舉、氣息微弱、呼吸困難、小腿腫脹等症狀。是祛風除濕、散寒補腎的良藥。

收錄:草之五　《別錄》下品　　　　利用部分:根、葉

| 桔梗科 | 桔梗屬 | *Campanula dimorphantha* Schweinf. |

桔梗（本草名：桔梗）

　　李時珍有言：「此草之根結實梗直，故名桔梗。」其藥用部分即是除去外皮的乾燥根部。中醫認為桔梗是諸藥之舟楫，可載諸藥上浮，因此每當希望藥效達「上焦」（胸膈以上的部位，如肺）的方劑中，多會加入桔梗，以引藥上行。刮去桔梗根表面浮皮，以淘米水浸一夜，切片微炒後即可入藥。此外，台灣有一種常見的園藝花卉，名為「洋桔梗」，是屬於「龍膽科」植物，和「桔梗科」的「桔梗」並沒有近緣關係。

特徵　一年生草本植物，株高20至65公分，全株被毛，有白色乳汁。根肥厚，長圓錐形，狀如人參，長6至20公分，表面淡黃白色，有彎曲的縱溝及橫長的皮孔斑痕。葉互生，無柄，基生葉倒披針形或匙形，莖生葉狹橢圓形或線形，下表面被白粉，葉緣鋸齒狀。花直立，圓錐花序腋生及頂生，萼片5枚，大部分為閉花受精花，而開花受精花的花冠呈鐘狀，先端5裂，紫藍色，花期三至十月。蒴果寬橢圓形。

別名　白藥、薺苨、苦桔梗

產地　廣泛分布於北非、南亞，自埃及、蘇丹至中國與中南半島，但中國東北、華北地區，華東地區產的品質較好，如安徽、江蘇、湖北、河南等地。台灣偶見於海拔500至600公尺之草叢。

根肥厚，長圓錐形。

葉緣鋸齒狀

無柄

花紫藍色

株高20至65公分

用途

味辛，性微溫，有小毒。主治胸脅刺痛、腹滿腸鳴及驚悸。利五臟腸胃，補血氣，除寒熱風痹，溫中消食，除蠱毒，並治咽喉疼痛、除痰涎、去肺熱，治療下痢、咳嗽、小兒驚癇。凡感冒、上呼吸道感染、支氣管炎、肺炎所致之咳嗽、鼻塞等，均常用桔梗，對咽喉痛、痰多者尤為宜。又可治口舌生瘡、赤目腫痛。

附註：根有毒，入藥前須經處理。

| 收錄：草之一　《本經》下品 | 利用部分：根 |

桔梗科	山梗菜屬	*Lobelia chinensis* Lour.

半邊蓮 (本草名：半邊蓮)

　　半邊蓮生長於低海拔濕地。關於半邊蓮，有一則傳說：小山村住著武藝極好的五姊妹，她們平常喜穿紅衣，頭上插著淡紅小旗形的髮簪，英姿煥發。某年大旱，莊稼欠收，盜匪四起，村民不勝其擾，於是紅衣五姊妹起而對抗。一天，五姊妹被困後山，突然風起雲湧，滿山雲霧似乎有成千上萬小紅旗迎風招展，直逼盜匪而來，嚇得盜匪奪路而逃，紛紛失足摔落斷崖。此後山村恢復了平靜，但也再沒有五姊妹的身影，只留下後山上遍地奇異的小花，花色淡紅，形狀有如五姊妹頭簪上的小旗形，也像只有半邊的小蓮花。

特徵　多年生草本，根只生於莖基部，莖細長，匍匐生長，株高5至20公分。葉互生，狹橢圓形或披針形，幾乎無柄。花單生於葉腋，白色或粉紅色、淡紫色，花冠呈單一側的唇狀，裂片5枚。蒴果。

別名　順風旗、細米草、半邊花

產地　廣泛分布於東亞，自印度至日本及印尼，中國見於湖北、湖南、江蘇、江西、安徽、浙江、廣東、廣西、福建、四川，台灣可見於海拔100至650公尺之潮濕的草生地、田埂等處。

花冠呈單一側的唇狀，裂片5枚。

葉互生，幾乎無柄。

株高5至20公分

用途

味辛，性平，無毒。主治蛇傷，搗汁飲用，以渣外敷。又治寒痰氣喘，以及瘧疾、惡寒發熱，用半邊蓮、雄黃各二錢，共搗成泥，放碗內，蓋好，等顏色變青後，加飯做成如梧桐子大小的丸子，每space空腹用鹽湯送服九丸。另可利尿消腫，清熱解毒；用於大腹水腫，面足浮腫，癰腫疔瘡，以及晚期血吸蟲病之腹水。

收錄：草之五 《綱目》	利用部分：全草

菊科	牛蒡屬	*Arctium lappa* L.

牛蒡 (本草名：惡實)

　　牛蒡子和牛蒡根既可以入藥，也可以食用，在日本是尋常百姓強身健體、防病治病的保健菜。它可以與人參媲美，因此又被稱為東洋參。「牛蒡」之名是來自於其根形似牛尾，牛尾在牛之旁，因其是草本植物，便在旁字之上加了草頭。至於別稱「鼠黏」則是指其果實而言，由於總苞外多刺，老鼠經過時會黏沾在身上。

特徵　年生草本植物，高60至150公分，根肉質，長40至180公分。葉根生，心形，邊緣波浪狀，下表面生白毛，葉柄長。頭狀花序球形，花管狀，淡紫色或白色，總苞針刺狀，花期五至六月。瘦果長橢圓形，果期七至八月；種子灰黑色。

別名　鼠黏、蒡翁菜、便牽牛、吳某 (台灣人稱之，是日語的發音)

產地　原產於歐洲北部、西伯利亞、中國東北部等地，以藥用植物傳入日本，在日據時代引入台灣栽培。

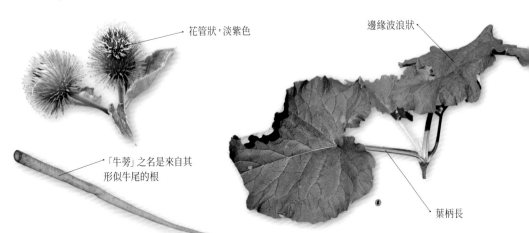

花管狀，淡紫色

邊緣波浪狀

「牛蒡」之名是來自其形似牛尾的根

葉柄長

株高60至150公分

用途

牛蒡子：味辛，性平，無毒。明目補中，除風傷。治療風毒腫，及各種瘻管，去丹石毒，利腰腳，散各種結節煩熱毒。炒研煎飲，通利小便。潤肺散氣，利咽膈，去皮膚過敏，通十二經。消斑疹毒。

牛蒡根、莖：味苦，性寒，無毒。主治傷寒寒熱出汗、中風面腫、口渴、尿多。久服會輕身耐老。根可治齒痛、勞瘵，各種風症引起的雙腳無力痠痛，咳嗽傷肺，肺膿瘍及腹內積塊，冷氣積血。外敷能治杖傷、金瘡。此外，將莖葉煮湯，用來洗浴，可消除皮膚瘙癢。

收錄：草之四　《別錄》中品	利用部分：種子、根

菊科	艾屬	*Artemisia capillaris* Thunb.

茵陳蒿（本草名：茵陳蒿）

　　傳說華佗幫一位病人治療黃疸，卻苦無良藥，一直無法治癒。一段時日，華佗忽然發現病人康復了，連忙問他吃了什麼藥？那人說他吃了一種綠茵茵的野草，華佗一看是青蒿，於是趕緊採來給其他黃疸病人服用，卻沒有效果。華佗又問那康復的病人，吃的是幾月的蒿子？他說是三月的，華佗這才研究出蒿子的採藥時機：原來只有三月的蒿子有藥效！於是華陀編了歌謠傳世：「三月茵陳四月蒿，傳於後人切記牢；三月茵陳治黃癆，四月青蒿當柴燒。」

特徵　亞灌木，高40至120公分，全株具濃烈芳香。外形隨生育地及生活史的不同時期而有很大變異：生於海濱的植株粗壯矮小，多分枝，葉短，被有銀色光澤的曲柔毛；生長於河床的植株較高且纖細，葉裂片長，通常無毛；而開花枝條的葉片通常較窄，近於無毛，營養枝頂端簇生的葉則較寬而常被有光澤的毛。葉一至三回羽狀分裂；頭狀花序盤狀，邊花雌性，心花兩性但不孕，花冠5裂，花期七至十月。瘦果呈長橢圓形。

別名　青蒿草、蚊仔煙草、白蒿、絨蒿

產地　西亞、蒙古、俄羅斯遠東地區、中國東北至華南、印度、韓國、日本、東南亞等地。台灣則廣泛分布於海濱、河床砂石地，至高海拔開闊地均可見。

茵陳蒿的花·

高40至120公分，全株具濃烈芳香。

葉1至3回羽狀分裂·

用途

味苦，性平、微寒，無毒。可袪除風、濕、寒、熱等各種致病因素，治療黃疸。長期服用能使人身輕體便，還能補益元氣，延緩衰老，並讓容顏白皙。治通身發黃，小便不利，通關節，去滯熱，療傷寒。茵陳蒿亦可治療濕瘡瘙癢等皮膚病，只要用其植株煮成濃湯來洗浴即可。

收錄：草之四　《本經》上品	利用部分：莖葉（地上部）幼苗

菊科	石胡荽屬	*Centipeda minima* (L.) A.Braun & Asch.

石胡荽（本草名：石胡荽）

石胡荽又稱「鵝不食草」

石胡荽為什麼又稱「鵝不食草」呢？原因來自一則有趣的傳說。古時，一個家裡養鵝的小孩，長年鼻塞，淌著黃色膿鼻涕。有一天他趕鵝群去吃草，餓壞的鵝群見草就吃，卻完全不吃一種鮮嫩的青草。小孩刻意把鵝群趕到這種草旁邊，但鵝群低頭聞一聞又跑開了。小孩好奇地拔一株這種草聞了一下，立時打了幾個噴嚏。神奇的是，他的鼻子竟然通了，也不再流濃鼻涕。後來，同村幾個患鼻炎的孩子也用這種青草治療，很快都痊癒了。從此，這種草藥的功效逐漸流傳開來，因為鵝不肯吃這種草，所以人們將它取名為「鵝不食草」。

特徵 一年生草本植物。匍匐莖，多分枝，薄被蛛絲狀毛或無毛。葉互生，無柄，倒卵形；頂端鈍，基部楔形，邊緣少數鋸齒；背面被蛛絲狀毛或無毛，側脈通常2至3對。花朵為頭狀花序扁球形，無花序梗或有極短的花序梗，單生於葉腋；總苞半球形，總苞片2層，綠色，狹披針形，邊緣透明，膜質，外層的較大；花夏秋開，異型，盤狀，外圍雌花多層，黃綠色；花冠細管狀，頂端具2至3細齒，中央兩性花數朵，淡紫色，簷顯著擴大，卵狀4深裂。瘦果近圓柱形，基部略狹，長約1公釐，被柔毛。

別名 天胡荽、野園荽、鵝不食草、小返魂、蝶仔草

產地 中國浙江、江蘇、湖北、廣東、安徽、江西、福建、日本、韓國、印度、緬甸、泰國、越南、馬來西亞、菲律賓、台灣。

葉互生，無柄，倒卵形。

花朵為頭狀花序扁球形

用途
味辛，性寒，無毒。效用：通鼻氣、吐風痰、解毒、明目。主治：咳嗽痰多、氣喘、鼻塞、腫毒、痔瘡腫痛、瘧疾、風寒頭痛、百日咳、慢性支氣管炎、結膜炎、毒蛇咬傷。 附註：氣虛胃弱者禁用。

收錄：草之九 《四聲本草》	利用部分：全草

菊科	漏盧屬	*Echinops grijsii* Hance

漏盧 (本草名：漏盧)

　　漏盧，即知名的抗癌保健植物——山防風，其根似牛蒡，目前已被列為「瀕臨絕滅」的保育等級。現代醫學研究發現，漏盧含有蛻皮甾酮(ecdysterone)，能顯著增強巨噬細胞的吞噬作用，可以提高人體免疫力，因而能夠抗癌、除滯退腫。

特徵　高大粗壯的多年生草本植物，莖直立，高30至80公分，密生白色絨毛。葉互生，莖中下部的葉長橢圓形，羽狀深裂，莖上部的葉漸小、裂片漸少，披針形，葉緣有刺，下表面密被白色絨毛。頭狀花序僅具1朵小花，多數頭狀花序再聚生為圓球狀的複頭狀花序，頂生；小花全為管狀花，花冠淡藍色。瘦果圓柱狀，密被長毛。

別名　山防風、野蘭、莢蒿、鬼油麻

產地　中國東部與南部、台灣原產於北部及中部山區，但已超過半世紀無採集記錄，或許已於野外滅絕，但某些地方有栽培以為藥用。

小花全為管狀花，花冠淡藍色。

莖上部葉漸小，葉緣有刺。

漏盧即知名的抗癌保健植物——山防風

用途

味苦、鹹，性寒，無毒。主治皮膚上的熱症，惡瘡、疽、痔瘡，及濕邪所致的痺症，還能治療女子乳房腫痛、急性乳腺炎，並可下乳汁。久服可使身體靈便，氣力增加，耳聰目明，不老延年。止遺溺，熱氣瘡瘍如麻豆時，可做湯浴。通小腸，療泄精尿血、腸風、風赤眼、小兒壯熱，補損，續筋骨，治金瘡，止血排膿，補血長肉，通經脈。

收錄：草之四　《本經》上品	利用部分：根

| 菊科 | 鱧腸屬 | *Eclipta prostrata* (L.) L. |

鱧腸（本草名：鱧腸）

李時珍曾說道，鱧是烏魚，其腸也是黑的；此草莖柔軟，折斷後有黑色汁流出，故名。又因它的果實掉落之後，在頭狀花序的花托上留下孔洞，就像蓮蓬一樣，所以也稱「蓮子草」、「旱蓮草」。鱧腸的瘦果沒有冠毛，不能隨風飄飛遠處，因此喜生長在潮濕環境，以便果實落下後能隨水傳播各地。有趣的是，鱧腸若生長在水源充足之地，其植株會向上直立生長，但若長期缺水或處於乾燥地帶，它便會貼地生長，以減少水分散失。

莖直立，株高20至60公分。

特徵 一年生草本植物，全株粗糙具短剛毛；莖直立，高20至60公分，基部多分枝，常於下部的莖節長出不定根。葉對生，披針形，微鋸齒緣或全緣。輻射狀頭花生於莖頂或腋生的分枝頂，具長總梗；邊花舌狀，白色，瘦果3稜形，心花的瘦果較扁平，4稜形，花期夏至秋季；瘦果黑色，無冠毛。

別名 蓮子草、旱蓮草、金陵草、墨頭草

產地 廣泛分布於全球溫暖地帶，包括中國各地，如遼寧、河北、陝西、及華東、西南地區，台灣則常見於低海拔溝渠或水田旁。

邊花舌狀，白色。

葉對生，披針形，微鋸齒緣或全緣。

用途

味甘、酸，性平，無毒。主治血痢，針灸瘡發致出血不止的，用鱧腸草敷上，立刻止住。用草汁塗眉髮，可讓毛髮長得快且多。能使鬍鬚、頭髮變黑，補益腎陰。止血排膿，通小腸，敷治一切瘡。

| 收錄：草之五 《唐本草》 | 利用部分：全草 |

菊科	菊屬	*Glebionis coronaria* (L.) Cass. ex Spach

茼蒿 (本草名：茼蒿)

　　菊屬*Glebionis*植物僅有少數幾種，是菊科植物中相當小的屬，在1999年於國際植物學大會中重新定義本屬；種小名*coronaria*意指本種花看起來具有副花冠之意。想到茼蒿您會想到什麼呢？大部分的人都應該直接聯想到火鍋料理，但這火鍋料理中的蔬菜卻能夠分成三大類，一個是葉片較大的通常稱為大葉茼蒿，另外一種葉子較小，市場上較少見的是小葉茼蒿，最後一種則是裂葉茼蒿，也被稱為山茼蒿，這種葉子羽裂，且味道較為濃烈，多半用來爆炒牛肉及豬肉，或者川燙後直接食用都相當適合。

特徵　一年生草本植物，高30至100公分，莖直立，光滑，柔軟，富肉質。葉互生，無柄，基部抱莖，葉片橢圓形，倒卵狀披針形或長橢圓形，花莖上部葉則呈2回羽狀深裂或細羽裂，裂片互相連接，先端鈍。頭狀花序，單生枝頂，徑4至6公分；總苞膜質，苞片排列呈覆瓦狀，卵形至橢圓形；花雜性，舌狀花一輪，雌性，黃色或黃白色，長約1.6公分；管狀花多輪，兩性，長約0.5公分，雄蕊5枚，花絲分離，子房下位，花柱2歧。瘦果長3稜形，長0.3公分。

別名　春菊、打某菜、茼蒿菜、艾菜、皇帝菜

產地　原產地中海南岸，在歐洲地區則視為觀葉植物，後來據傳在宋代引入中國後變成餐桌上的佳餚。

舌狀花的漸層似有著副花冠

茼蒿的筒狀花常吸引蜜蜂來訪並協助傳粉

用途
氣味甘辛、平、無毒。安心氣、養脾胃、消痰飲、利腸胃。

收錄：菜之一　《嘉祐》	利用部分：全株

| 菊科 | 鼠麴草屬 | *Pseudognaphalium affine* (D.Don) Anderb. |

鼠麴草 (本草名：鼠麴草)

　　鼠麴草之所以名「麴」，是因為其花黃，顏色如同麥麴。若與米粉摻雜，做成乾糧，味道甜美。別名「鼠耳」是指其葉形，「佛耳」則是鼠耳的誤讀。至於又稱「清明草」則是因為它是清明祭祖供品「草仔粿」的重要原料。

頭狀花序，總苞片亮黃色。

特徵　二年生草本植物，高15至40公分，全株密被白色綿毛。葉薄，根生葉較小，莖生葉互生，匙形，全緣。頭狀花序密集排列成頂生的繖房花序，頭花由中央兩性之管狀花和周圍雌性之舌狀花組成，所有小花皆可孕，總苞片亮黃色，花期三至八月。瘦果長橢圓形，具白色冠毛。

別名　黃蒿、清明草、佛耳草

產地　東亞及南亞至澳洲，中國黃河流域以南各省均有分布，台灣常見於海拔2,000公尺以下之荒地及廢耕地。

莖生葉互生，匙形。

鼠麴草是清明祭祖供品「草仔粿」的重要原料

用途
味甘，性平，無毒。主治痹寒、惡寒發熱，止咳。調中益氣，止泄除痰，可出時令邪氣，去熱咳。治風濕性關節炎，治寒嗽及痰，除肺中寒，大升肺氣。

菊科	豨薟屬	*Sigesbeckia orientalis* L.

豨薟 (本草名：豨薟)

楚人稱豬為「豨」，此草的氣味如豬，故有此名。豨薟具有抗血栓的功效，是婦女產後坐月子藥方之一。此外，豨薟也有袪風濕、強筋骨及清熱解毒等功效。至於採集時機，可選擇春夏期間，花苞尚未開時，取其地上部分，清洗乾淨後，曬乾備用。

特徵 一年生草本植物，莖直立，高20至100公分，枝斜開展，密生短毛。單葉對生，莖生葉紙質或薄膜質，卵狀長橢圓形或三角狀卵形，背面有腺點，兩面密生短毛，較上方的葉片漸次變小、變窄。頭狀花輻射狀，外層總苞片5枚，長匙形，多個頭花排列成鬆散的圓錐狀；舌狀花冠黃色，四季開放。瘦果光滑無毛，四角柱形而向內彎曲，無冠毛。

別名 火枕草

產地 東南亞、印度至非洲、澳洲、日本、中國，台灣則廣泛分布於低海拔之開闊地。

舌狀花冠黃色

線狀總苞會分泌黏液

葉紙質，兩面密生短毛。

莖直立，密生短毛。

株高20至100公分，枝斜開展。

用途

味辛、苦，性寒，有小毒。袪風濕，利關節，解毒。用於風濕痺痛、筋骨無力、腰膝酸軟、四肢麻痺、半身不遂、風疹濕瘡。煩滿不能食者，生搗汁服，但不能多，多則令人吐。治金瘡止痛，止血生肉，除諸惡瘡，消浮腫。搗敷虎傷、狗咬、蜘蛛咬傷等。

附註：陰血不足者忌服。

菊科	蒼耳屬	*Xanthium strumarium* L.

蒼耳 (本草名：枲耳)

蒼耳古名枲耳，枲發音為「喜」，其葉形像枲麻，又像茄，所以有「枲耳」、「野茄」等各種名稱。又因其味滑如葵，故稱「地葵」。詩人常想著為它作賦添詞，故名「常思」；果實形如婦人戴的耳環，因名「耳璫」。枲耳的雌花序被包裹在長滿倒鉤刺的總苞裡，當瘦果成熟時，可藉由總苞外的鉤刺黏附在擦身而過的動物身上，藉以將種子傳播遠方。南朝醫學家陶弘景便謂其：「一名羊負來，昔中國無此，言從外國逐羊毛中而來。」。

特徵 一年生草本，高20至90公分，莖粗壯，有毛。葉互生，卵狀三角形，不規則粗鋸齒緣，或3至5裂，紙質，上下兩面均粗糙。頭狀花序，花單性，雄性的頭狀花球形，排列成頂生的繖形花序，花冠管狀，白色，雌性的頭狀花腋生，位在雄性頭狀花下方，小花無花冠。瘦果無冠毛，長橢圓形、橢圓形或卵形，總苞有刺，成熟時呈褐色。

別名 羊帶來、羊負來、虱母子

產地 泛熱帶雜草，廣泛分布於舊中國和新中國，但很可能起源於新中國。在台灣可見於全島低海拔之河岸、海岸及荒廢地。

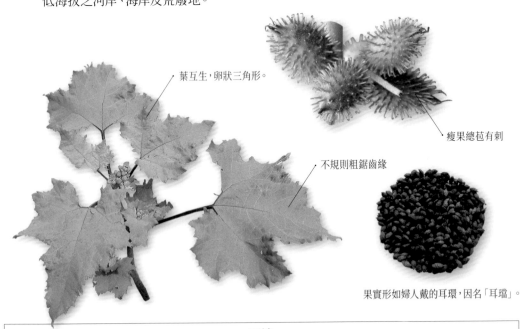

葉互生，卵狀三角形。

瘦果總苞有刺

不規則粗鋸齒緣

果實形如婦人戴的耳環，因名「耳璫」。

用途
莖、葉：味苦、辛，微寒，有小毒。主治中風、傷寒、頭痛，痲瘋癲癇，濕痺，毒在骨髓，腰膝風毒。久服可耳聰目明，輕身強志。煮酒服用，主治狂犬咬毒。實：味甘，性溫，有小毒。主治風寒頭痛，風濕麻痺，四肢拘攣痛，惡肉死肌疼痛。久服益氣。治肝熱，明目，治一切風氣，填髓，暖腰腳，治療瘰疬瘡，炒香浸酒服，祛風補益。

| 百合科 | 葱屬 | *Allium fistulosum* L. |

葱 (本草名：葱)

　　葱是華人烹調作菜的重要調味香料。因全株含有機硫化物——硫化丙烯，而具有辛辣、刺激的氣味。因此，葱不但可去除食物腥臭並增加香氣，也能刺激胃液分泌，促進食慾。

特徵　多年生草本植物。植株高可達50公分，簇生，全體具辛臭，折斷後有辛味黏液。鬚根叢生，白色。鱗莖圓柱形，先端肥大，鱗葉成層，白色，具白色縱紋。葉基生，綠色，葉片呈圓柱形，中空，長約45公分，徑約1.5至2公分，先端尖，具縱紋，葉鞘淺綠色。花葶與葉等長，總苞白色，2裂，繖形花序球形，多花，花梗與花被等長，無苞片；花被鐘狀，白色，花被片6，狹卵形，先端漸尖，具反折的小尖頭，花絲錐形，基部合生並與花被貼生。蒴果三稜形。種子黑色，三角狀半圓形。

別名　北葱、大葱、葉葱、青葱、胡葱

產地　可能源自中國西北，全球廣泛栽植。

葉片呈圓柱形，中空。

葱是華人烹調做菜的重要調味香料。

花被鐘狀，白色，花被6片。

用途

葱莖白：味辛，性平，無毒；汁：味辛、滑，性溫，無毒；果實：味辛，性大溫，無毒。效用：解毒、消腫、明目、散瘀、止血、止痛、補氣、溫腎。主治：安胎、腳氣、心腹絞痛、流鼻血、腹瀉、血便、乳腺炎、耳鳴、痔瘡、感冒風寒、跌打損傷、陽痿。

收錄：菜之一　《別錄》中品　　　　　利用部分：莖、葉、汁、根、花、果實

百合科	蔥屬	*Allium tuberosum* Rottler ex Spreng.

韭菜 (本草名：韭)

　　韭菜不僅有藥用價值，也是現今市面上常見富含營養的蔬菜，含有豐富的胡蘿蔔素、維生素C、維生素B1、維生素B2、纖維素，還有鈣、鎂、鋅、銅、磷、鐵等礦物質。如果在韭菜生長過程中加以遮蔽，阻隔陽光照射，韭菜就會呈現黃白色，也就是「韭黃」。藥用方面，韭菜因為有「溫補肝腎」及「助陽固精」功用，在中國自古以來被當成男性壯陽良品，因而號稱「起陽草」。時至今日，也有人稱韭菜為「中國的威爾剛」。

特徵　多年生草本植物。植株高20至45公分，根莖橫臥，鱗莖呈狹圓錐形，簇生。葉基生，長條狀，扁平。總苞2裂，比花序短，宿存，繖形花序簇生狀或球狀，多花；花梗為花被的2至4倍長具苞片，花白色或微帶紅色；花被片6，狹卵形至長圓狀披針形；花絲基部合生並與花被貼生，狹三角狀錐形；子房外壁具細疣狀突起。蒴果具倒心形的果瓣。

別名　起陽草

產地　原產於中國山西，在亞洲和世界其他地方種植和歸化。

花白色，花被片6枚，繖形花序簇生。

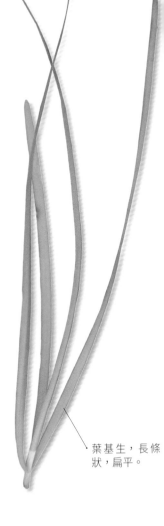

葉基生，長條狀，扁平。

韭菜不僅有藥用價值，也是現今市面上常見富含營養的蔬菜。

用途

味辛、酸澀，性溫，無毒。效用：健胃、提神、補腎助陽、固精、消炎、止血、止痛。主治：遺尿、頻尿、陽痿、早洩、遺精、反胃嘔吐、下痢、腹痛、痛經、跌打損傷、吐血、痔瘡脫肛。

附註：陰虛火旺者慎用。

收錄：菜之一　《別錄》中品	利用部分：葉、花、種子

百合科	蔥屬	*Allium sativum* L.

大蒜 (本草名:葫)

　　最早是漢朝張騫出使西域時,由西方帶回中國,故又稱「胡蒜」。大蒜和蔥一樣,都是華人烹調作菜的重要調味香料,內含大蒜素,具有強烈的辛臭味,可以去除食物腥臭味並增加香氣,也具有殺菌作用。根據現代醫學研究發現,大蒜可防癌,有「天然的抗生素」之稱。

特徵　多年生草本植物。鱗莖球形或短圓錐形,直徑約3至6公分,由4至10個肉質瓣狀小鱗莖緊密排列組合而成,外包灰白色或淡紫紅色乾膜質鱗皮。葉數片,基生,實心,扁平,線狀披針形,灰綠色,基部鞘狀。花莖直立,較葉長,圓柱狀,苞片1至3枚,膜質,淺綠色,繖形花序頂生,花小,多數、稠密;花間雜淡紅色珠芽,直徑約4至5公釐,花梗細長,花被片6,呈粉紅色,橢圓狀披針形;雄蕊6枚,呈白色;花絲基部擴大,合生,內輪花絲兩側有絲狀伸長齒;子房上位,淡綠白色,長圓狀卵形;雌蕊1枚,心皮3枚,3室。蒴果,1室開裂。種子黑色。

別名　葷菜、蒜葫、蒜頭

產地　可能起源自中亞,各地廣泛栽種。

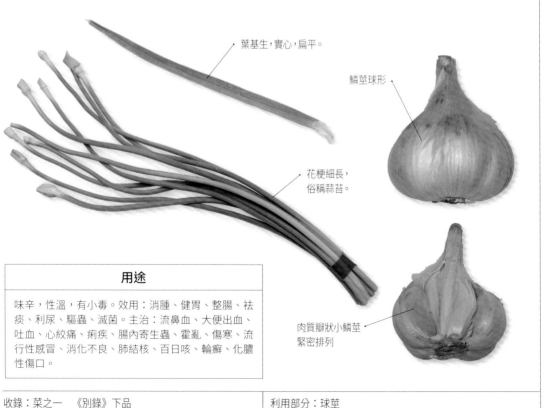

葉基生,實心,扁平。

鱗莖球形

花梗細長,
俗稱蒜苔。

肉質瓣狀小鱗莖
緊密排列

用途

味辛,性溫,有小毒。效用:消腫、健胃、整腸、祛痰、利尿、驅蟲、滅菌。主治:流鼻血、大便出血、吐血、心絞痛、痢疾、腸內寄生蟲、霍亂、傷寒、流行性感冒、消化不良、肺結核、百日咳、輪癬、化膿性傷口。

收錄:菜之一　《別錄》下品　　　　　　　利用部分:球莖

百合科	蘆薈屬	*Aloe vera* (L.) Burm.f.

蘆薈 (本草名：盧會)

　　通常提到蘆薈，許多人都會想到養顏美容。老一輩的人確實會用蘆薈敷臉，或是舒緩晒傷的皮膚。蘆薈若食用，對肝也具有養護效果。不過蘆薈的皮對人體有害，使用前應先去皮再取肉。在過去，蘆薈是一般家庭中很常見的觀賞植物。

特徵　多年生肉質草本植物。葉子肥厚，具刺，葉中含黏滑汁液，
　　　　中間略微凹下。全年皆會開花，以冬、春季較為常見，穗狀花
　　　　序，花色有紅、白、黃、橙等色，風鈴形狀。

別名　奴薈、象膽、勞偉、象鼻蓮

產地　可能起源於阿拉伯半島，目前
　　　　在全世界的熱帶、亞熱帶和乾
　　　　旱氣候區歸化及栽種。

葉子肥厚，具刺。

蘆薈皮對人體有害，使用前應先去皮再取肉。

用途
味苦，性寒。歸肝、大腸經。功效有瀉下，清肝，殺蟲。

收錄：木之一　宋《開寶》	利用部分：葉之液汁乾燥

百合科	知母屬	*Anemarrhena asphodeloides* Bunge

知母 (本草名：知母)

多年生草本植物，根莖橫走。

　　李時珍表示，這種植物老根旁邊初生的子根形狀像蚳蚭（蚳為蟻卵，蚭為吸血昆蟲），故叫「蚳母」，後來訛為「知母」。同為知母，因用法不同又分為兩種：除去葉、莖及鬚根後曬乾者，稱為「毛知母」；剝去外皮再曬乾者，則稱為「光知母」或「知母肉」。據說三國時代有個以挖掘藥草販賣為生的孤單老婆婆，想把認藥本事傳給心地仁厚的人，於是踏上尋人旅程。有天她累倒在一戶人家門口，被好心主人收留照顧。三年後，老婆婆將收留她的善心人認做乾兒子，帶他上山找到一味野草，說：「它能治肺熱、咳嗽、發燒，你可以拿去助人。」由於這藥草還沒有名字，於是他們將它命名為「知母」。

特徵　多年生草本植物，根莖橫走，扁圓柱形，其上殘留黃褐色葉基，下側生多數肉質鬚根。葉基生，線形，基部常擴大成鞘狀。花莖直立，不分枝，高可達100公分，總狀花序，花2至6朵一簇，粉紅、淡紫、白或黃色，多夜間開花，具香氣，花期五至八月。蒴果長卵形，具6條縱稜。

別名　蚳母、連母、地參

產地　中國東北、華北、西北及河南、安徽、江蘇、山西、山東、河北。台灣則沒有原生種。

藥用部位為根莖

葉基生，線形。

用途

味苦，性寒，無毒。主治消渴，消除熱邪，治療肢體浮腫，通利水道，補益不足，增添氣力。又可療傷寒、久瘧、煩熱、瀉無根之腎火、療有汗之骨蒸，止虛勞之熱、滋化源之陰。通小腸，消痰止咳，潤心肺，安心、止驚悸，除邪氣，涼心去熱、治陽明火熱、瀉膀胱經、腎經之火，治熱厥頭痛、下痢腰痛、喉中腥臭，泄肺火、滋腎水，治頭皮毛囊周圍炎，治前列腺肥大、原發性腎綜合徵。並可安胎，治妊娠心煩，並辟射工、解溪毒。

附註：脾胃虛寒，大便溏瀉者禁服。

收錄：草之一　《本經》中品	利用部分：根莖

百合科	天門冬屬	*Asparagus cochinchinensis* (Lour.) Merr.

天門冬 (本草名：天門冬)

　　中藥裡的天門冬指的是天門冬植物的乾燥塊根，是治療咳嗽的常用中藥，在中國古時也被當作延年益壽、延緩衰老、養顏美白的美容聖品。天門冬全株無毒，嫩葉和塊根都可煮食。

特徵　多年生攀緣性草本植物，莖半木質化，呈細蔓狀長，可達2公尺，有縱槽紋，分枝多，小枝呈十字對生。葉片退化呈細鱗狀2至3枚，幾乎無任何作用，葉腋處長出線形扁平的葉狀枝1至3枚，呈綠色尖銳而略彎曲，替代葉片行光合作用。春至夏季開白色小花1至4朵，生於葉腋，花白色帶淡桃色。漿果圓形，熟時呈鮮紅色，內有黑褐色種子1枚。塊根為長圓紡錘形，表面黃白色或淺黃棕色，油潤半透明狀，乾燥後，質地堅硬且脆。

別名　天蘻冬、地門冬、天門、萬歲籐

產地　東亞包含中國、韓國、日本、台灣及菲律賓；中南半島如越南、寮國等國。

　　　　　　　　　　　　　　　　　　　　　　　　•線形扁平的葉狀枝，替代葉片行光合作用。

天門冬與園藝用的武竹外形十分相似

用途

味苦，性平，無毒。效用：養陰生津、清火潤燥、祛痰止咳、利尿解熱。主治：肺炎、肺萎縮、肺熱燥咳、痰稠難咯、咳嗽吐血、痰嗽喘促、消渴、足下熱痛、咽喉痛、喉乾咽痛、津少口渴、支氣管炎、肺結核、白喉、百日咳、心臟性水腫、糖尿病、便秘、盜汗、遺精、腳痿、腸燥便秘、風濕偏痺、體虛衰弱。

收錄：草之七　《本經》上品　　　　　　　　利用部分：塊根

百合科	萱草屬	*Hemerocallis fulva* (L.) L.

萱草 (本草名：萱草)

　　萱草即我們熟知的金針，「萱」的本意是諼 (音萱)，是「忘掉」的意思。萱草的苗可食用，氣味像葱，而萱草是鹿所食用的解毒草之一，因此亦名「鹿葱」。傳說懷孕的婦女如果配戴萱草花就會生男孩，所以又叫「宜男」。李九華在《延壽書》說，摘採萱草的苗做菜吃，會令人昏昏然似酒醉，故名「忘憂」。事實上，新鮮的金針含有秋水仙鹼，本身雖無毒，但經腸胃吸收後會轉化為有毒物質，或許就是造成昏醉的原因；幸而經日曬或人工乾燥的程序，可破壞秋水仙鹼。

特徵　多年生宿根性草本植物，高30至90公分，根莖極短，地下有多數肉質的塊根叢生。葉成叢基生，基部抱莖，線形，全緣。繖房花序頂生，花橙黃色，具香味，花被片6枚，雄蕊6枚，花期6至10月。蒴果為具鈍三稜的圓柱形。

別名　忘憂、療愁、鹿劍、金針

產地　高加索山脈和俄羅斯東南部至喜馬拉雅山和印度、中國、台灣、日本和韓國，台灣以花蓮、台東栽植最多。

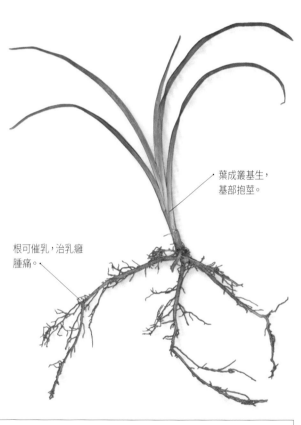

葉成叢基生，基部抱莖。

根可催乳，治乳癰腫痛。

花被片6枚

用途
苗、花：味甘，性涼，無毒。主治小便赤澀、身體煩熱，除酒疸、消食，利濕熱。治成酸菜吃，利胸膈，安五臟，輕身明目。亦可令人歡樂、無憂。根：主治沙淋，下水氣。滿身酒疸黃色的人，可將根搗汁服用。如大熱而引起的鼻出血，將萱草研汁一大杯，加生薑汁半杯，飲用可治。此外，將根搗碎後用酒送服，並將滓敷在乳頭上，可催乳，治乳癰腫痛。

收錄：草之五　宋《嘉祐》　｜　利用部分：根、花

百合科	麥門冬屬	*Liriope spicata* Lour.

麥門冬 (本草名：麥門冬)

相傳大禹治水疏通九河，大功告成於會稽（今紹興）之了溪（今名禹溪）。由於他將剩餘的糧食棄於溪邊，這些餘糧吸收天地靈氣，受日月之精華，後來變成了一味中藥，人們便稱之為「禹餘糧」。李時珍表示，麥鬚稱虋，此草根似麥而有鬚，葉像韭菜，冬季不凋零，故稱「麥虋冬」，為便於書寫，俗稱「門冬」。又因為本植

葉叢生，多年生草本植物。

物可以代替五穀，因此有「餘糧」、「不死」之別稱。「麥門冬飲」是具有口腔保健、安神催眠的家常飲品，蘇東坡曾作詩云：「一枕清風值萬錢，無人肯賣北窗眠，開心暖胃門冬飲，知是東坡手自煎。」

特徵 多年生草本植物，匍匐莖細長，鬚根前端或中部常膨大成紡錘狀塊根。葉叢生，線形，葉柄鞘狀，兩側有薄膜。花莖長6至15公分，穗狀花序頂生，花淡紫色或白色，花被片6枚，不展開。漿果球形，成熟時呈深綠色或藍黑色。

別名 山麥冬、麥冬、羊韭、韭葉麥冬、禹餘糧、不死草

產地 中國（除東北、西北及西藏外，其他地區廣泛分布和栽培）、越南、台灣、韓國及日本。

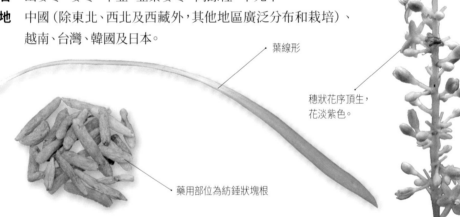

葉線形

穗狀花序頂生，
花淡紫色。

藥用部位為紡錘狀塊根

用途

味甘，性平，無毒。主治心腹結氣，脾胃受損飽脹，胃氣受損，消瘦氣短。久服可減肥、抗衰老、不飢餓。治療身體重、眼睛發黃、胃脘部漲滿、虛勞發熱、口乾舌燥，止嘔吐。瘕疹蹶，補陰，益精氣，幫助消化，調養脾胃，安神，平定肺氣，安和五臟，使人肥健，美容，助生育。去心熱、止煩熱，下痰飲，治五勞七傷，安魂定魄，止咳嗽、治肺痿吐膿、時疾熱狂頭痛。又可治熱毒大水、面目肢節浮腫，下水，主瀉精。兼治肺中伏火，補心氣不足，治血妄行及經水枯、乳汁不下。陶弘景言其為治療食慾旺盛的重要藥材。

收錄：草之五 《本經》上品	利用部分：塊根

| 百合科 | 黃精屬 | *Polygonatum odoratum* (Mill.) Druce |

萎蕤 (本草名：萎蕤)

　　蕤的名稱主要是形容草木葉垂落，此草由於根長多鬚，像帽子下垂的纓，頗有威儀，因此而得名。又因其葉光潔發亮像竹葉，而且其根多節，故有「葵」、「玉竹」、「地節」等別稱。萎蕤生於山林，根莖除了藥用，也可製成澱粉食用。初夏時，萎蕤的小筒狀花朵懸垂，模樣十分討人喜愛。

特徵　多年生草本植物，根莖匍匐，近似念珠狀；莖單一，高80至200公分。葉互生，排列成2列，近乎無柄，葉片披針形，紙質或膜質，兩面均光滑無毛，上表面有光澤。花2至4朵腋生，下垂，略帶香氣，花被片6枚，至少1/2長合生，白色，略帶淡黃色，先端有時綠色。漿果球形。

別名　女萎、葳蕤、玉竹

產地　日本、韓國、中國，台灣則常見於全島海拔800至1,900公尺森林。

葉片披針形，兩面均光滑無毛。

花腋生，下垂，略帶香氣。

用途

味甘，性平，無毒。主治中風、急性熱病、身體不能動彈，並療各種虛損。久服可消除臉上黑斑，使人容光煥發，面色潤澤，使身體年輕不易衰老。療胸腹結氣、虛熱、濕毒、腰痛，陰莖受寒及眼痛、眼角潰爛、流淚。用於流行疾病的惡寒發熱，內補不足，去虛勞。若頭痛不安，加量用則效果顯著。補中益氣，去虛勞客熱。除煩悶，止消渴，潤心肺，補五勞七傷虛損，又治腰腳疼痛，還可治男子小便頻繁、遺精。可用來代替人參、黃芪，不寒不燥。

收錄：草之一　《本經》上品　　　　　利用部分：根莖

石蒜科	石蒜屬	*Lycoris radiata* (L'Hér.) Herb.

石蒜 (本草名：石蒜)

　　石蒜可做為觀賞用植物，也可當藥用植物，具有祛痰、解毒、催吐和利尿等作用。此外，石蒜的花形特殊，花枝可用作插花的材料。應注意的是，石蒜全株有毒，其中以鱗莖的毒性較強，藥用時需遵照醫囑，謹慎使用。

特徵　多年生草本植物，具有寬卵形的皮鱗莖。葉基生，革質，線形。繖形花序直立，花莖實心，花5至10朵，無芳香；花被片6枚，花被筒短，雄蕊6枚，花期9至10月。蒴果扁球形，先端有喙。

別名　曼珠沙華、紅花石蒜、彼岸花、烏蒜、老鴉蒜、蒜頭草、龍爪花

產地　原產於中國 (華東、華南及西南地區)、尼泊爾，韓國及馬祖列島等地，日本在1800年代引進並歸化，之後再引入北美。

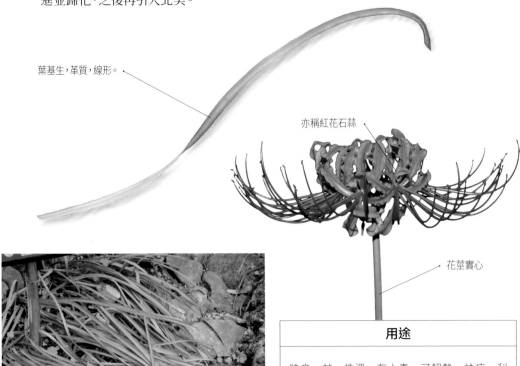

葉基生，革質，線形。

亦稱紅花石蒜

花莖實心

石蒜全株有毒，藥用時需謹慎使用。

用途

味辛、甘，性溫，有小毒。可解熱、祛痰、利尿、催吐，也可治咽喉腫痛、水腫、小便不利、癰腫瘡毒、咳嗽痰喘、抗癌。主要用來敷腫毒，治疔瘡惡核，可以用水煎服發汗，並把石蒜搗爛外敷傷處。中了溪毒的人，將石蒜用酒煎，服下半升，使其嘔吐，效果好。

收錄：草之二　宋《圖經》	利用部分：鱗莖

| 百部科 | 百部屬 | *Stemona tuberosa* Lour. |

對葉百部 (本草名：百部)

　　中藥裡的百部是指：對葉百部（*Stemona tuberosa* Lour.）、直立百部（*Stemona sessilifolia* (Miq.) Miq.）與蔓生百部（*Stemona japonica* (Bl.) Miq.）的乾燥塊根，後兩者台灣無生長。百部花朵的氣味並非一般印象中花朵香，而是類似食物的臭酸味，因此客家族群又稱百部為臭酸藤。

特徵　多年生攀緣性草本植物，全株長可達5公尺以上，植株光滑無毛。根為塊根簇生，紡錘形或圓柱形。單葉對生或互生，具長葉柄，網狀脈，葉寬卵狀心形。花1至2或3朵腋生，具長梗，花下有1小苞片，披針形；花被片4片，披針形，黃綠色，帶7至9條紫色脈紋；雄蕊4，紫紅色，藥線形，藥膈肥大而伸長，先端成線狀附屬物，子房卵形。蒴果倒卵形稍扁，長約4公分，寬約2.5公分，種子橢圓形10餘粒。

別名　百部、百部草、野天門冬、嗽藥
產地　印度東北部、東南亞、澳洲北部、中國南部及台灣

具長葉柄

寬卵狀心形

百部花朵散發出類似
食物的臭酸味

中藥裡的百部指的是
乾燥塊根

蒴果倒卵形稍扁

用途

味甘，微溫，無毒。效用：潤肺、止咳、驅蟲、滅虱。主治：風寒咳嗽、百日咳、肺結核、老年咳喘、蛔蟲、蟯蟲病、皮膚疥癬、濕疹。
附註：脾胃虛寒、大便泄瀉者忌用。

收錄：草之七　《別錄》中品　　　　　　利用部分：塊根

| 薯蕷科 | 薯蕷屬 | *Dioscorea bulbifera* L. |

黃獨 (本草名:黃藥子)

　　中藥裡的黃藥子指的是黃獨 (*Dioscorea bulbifera* L.) 的乾燥塊莖。由於又稱為本首烏、土首烏，且外型近似中藥何首烏，市面上許多不肖攤販便以黃藥子充當何首烏兜售。黃藥子具毒性，食用過量會引起口、舌、喉等處燒灼痛、噁心、嘔吐、腹瀉等症狀，嚴重時甚至會昏迷、呼吸困難或心臟麻痺而死亡，民眾購買及使用時不可不慎！

特徵　多年生攀緣性草本植物。地下塊莖單生，逐年向先端增大，形狀呈扁球形或圓錐形，肥大多肉，直徑約4至10公分，外皮棕黑色，表面密生鬚根。莖圓柱形，淺綠色帶紅紫色，光滑無刺有稜線。葉互生，心狀卵形至心形，長7至14公分，寬6至13公分，先端銳尖，基部闊心形，全緣，無毛，葉腋常有黃褐色珠芽(零餘子)，直徑約1至5公分。花單性，雌雄異株，花小而多，黃色，穗狀花序腋生，雄花序纖弱，1至5條，下垂，雌花序較長，可達20公分。果序下垂，蒴果長圓形，有三翅，種子一面有翅。

別名　山芋、山慈菇、金錦吊蝦蟆、土首烏、零餘子薯芋

產地　熱帶非洲經印度、東南亞到澳洲北部及東亞(包含中國華東、華南、台灣、韓國及日本)。

葉互生，心形。

黃藥子指的是黃獨的乾燥塊莖

黃藥子具毒性，食用過量會引起身體不適，嚴重時甚至會死亡。

用途
味苦、辛，性涼，有毒。效用：解毒、消腫、化痰、散瘀、涼血止血。主治：甲狀腺腫大、淋巴結結核、咽喉腫痛、吐血、百日咳、咳嗽痰喘、咳血、瘡瘍腫毒、毒蛇咬傷、食道癌。

| 收錄：草之七　宋《開寶》 | 利用部分：塊莖 |

菝葜科	菝葜屬	*Smilax china* L.

菝葜 (本草名：菝葜)

　　菝葜木質化的根部相當堅硬，因此又名「金剛頭」、「金剛藤」、「金剛根」。熟果可生食；嫩葉生食或煮食皆可；老葉曬乾後可泡茶飲用；葉片也是琉璃蛺蝶幼蟲的食葉。此外，菝葜的紅熟果實可愛討喜，現今也常應用在園藝花材上。

特徵　多年生蔓性灌木植物，蔓莖可長數公尺，莖具鉤刺。葉呈飽滿圓形，平面式互生4至6公分，全緣，硬革質，葉柄彎曲，上有兩根由托葉變形而成的捲鬚，三出脈於葉下凸起。花被片黃綠色，外輪為卵狀橢圓形，內輪則是披針狀長橢圓形，單性花異株，繖形花序腋生。果實鮮紅色，直徑約8公釐。

別名　金剛根、金剛藤、金剛頭、鱟殼藤、狗骨仔

產地　印度東北部、中南半島、菲律賓、中國南半部、韓國、日本、台灣

園藝花材多用其紅熟果實

莖具鉤刺

用途

味甘、酸，性平、溫，無毒。效用：清熱解毒、袪風濕、消腫毒、利尿。主治：關節疼痛、肌肉麻木、跌打損傷、風濕、水腫、食道炎、胃腸炎、消化不良、痢疾、糖尿病、乳糜尿、白帶；外用治瘰癧疔瘡、燙傷。

葉呈飽滿圓形

收錄：草之七　《別錄》中品	利用部分：根

| 菝葜科 | 菝葜屬 | *Smilax glabra* Roxb. |

光滑菝葜 (本草名：土茯苓)

　　中藥裡的土茯苓指的是光滑菝葜 (*Smilax glabra* Roxb.) 及同屬近緣植物的乾燥根莖。土茯苓是中國南部廣東地區春天常用的湯羹藥材，全年均可採收，但以春、秋兩季採收為主，因這兩季的土茯苓漿水足、粉性大，品質最佳。

特徵　多年生攀緣性灌木植物。根狀莖橫生於土中，細長多鬚根，每隔一間距長一肥厚塊狀結節，塊根狀根狀莖，深入土中可達1公尺，外皮堅硬，褐色、凹凸不平，內裡肉質粉性，黃白色，密布淡紅色小點。葉為單葉互生，革質，長圓形至橢圓狀披針形，先端漸尖，基部圓或楔形，全緣，表面綠色，下面有白粉，主脈3條顯著，細脈網狀，托葉為2條卷鬚。花單性，雌雄異株，為腋生繖形花序，花序梗極短，小花梗纖細，基部有多枚宿存的三角形小苞片，花被有6裂片，二輪，雄蕊6枚，花絲較花藥短，子房上位3室，柱頭3枚，花呈綠白色。漿果為球形，熟時呈紫黑色，外被白粉。

別名　鱟殼刺 (台灣)、山地栗、地茯苓、光葉菝契

產地　中國長江流域以南各省、印度、越南、泰國、台灣

單葉互生，革質。

先端漸尖

光滑菝葜是攀緣性灌木植物

用途

味甘、淡，性平，無毒。效用：清熱解毒、強筋骨、利關節、袪濕熱、解毒。主治：鉤端螺旋體病、梅毒、風濕關節痛、筋骨疼痛、癰癤腫毒、濕疹、皮炎、汞粉、銀朱慢性中毒。

附註：忌茶、鐵器。肝腎陰虧者慎用。

| 收錄：草之七　《綱目》 | 利用部分：根 |

| 鳶尾科 | 射干屬 | *Iris domestica* (L.) Goldblatt & Mabb. |

射干 (本草名：射干)

　　因莖梗疏長，如射人之長竿，故名「射干」。道家經典「抱朴子」提到：「千歲之射干，其根如坐人，長七尺，刺之有血。以其血塗足下，可步行水上不沒；以塗人鼻，入水為之開；以塗足耳，則隱形。」功效非常神奇。此外，射干因其葉叢生，像烏翅或扇形，故有烏扇、烏翣、鳳翼、鬼扇等諸名；而其葉扁生而根像竹，又名扁竹。

特徵 地下有鮮黃色、肉質而形狀不規則之根莖；莖長60至100公分，生殖莖分支多。葉互生，劍形，基部互相嵌疊而抱莖，排成二列，全緣，邊緣透明狀。花序頂生，花被片6枚，離生，長橢圓形，排成2輪，外輪者較大，下表面黃色，基部深紅色，上表面橘紅色而有深紅色斑點，花期七至八月。蒴果倒卵狀橢圓形。

別名 烏扇鳳翼、鬼扇、尾蝶花

產地 日本、韓國、印度北部、中國各地，台灣可見於北部及東部海岸，野外相當稀有，但常栽培於庭院作為觀賞用。

花被片6枚，有橘紅色斑點。

劍形

葉基部抱莖

種子

花期七至八月，莖長60至100公分。

用途

味苦，性平，有毒。主治咳嗽氣上逆、喉中閉塞、咽痛、呼吸困難，能散結氣、腹中邪逆，食、飲後大熱。治心脾間積血、咳嗽、唾液多、語言氣臭，可散胸中熱氣。用苦酒摩塗，可消毒腫，治夏季長期發熱，消瘀血，通利女子經閉。消痰，破腫塊，開胃下食，鎮肝明目，去胃中癰瘡，消結核，降實火，利大腸，治瘧母。

附註：脾虛者慎用，孕婦忌服。

| 收錄：草之六 《本經》下品 | 利用部分：根莖 |

燈心草科	燈心草屬	*Juncus effusus* L.

燈心草 (本草名：燈心草)

　　兩晉時期，燈心塘有位醫師陳氏，醫術精良，用藥如神。一天，她為了醫治不吃不喝也不哭的小孩，她先幫小孩用藥草洗頭、擦身，再摘了一段白色草藥，放在油裡沾一沾，又移到火裡燒紅，然後貼到小孩身上燙點，不久小孩的病好轉起來。後來，有人拾起這白色藥草，回家拿來當作燈心試點，結果燈光明亮，從此「燈心草」之名不脛而走。

特徵　具地下莖；莖圓，具縱紋，光滑無毛。葉叢生於莖基部，葉身無或退化成芒狀，僅留葉鞘包夾莖之基部，葉鞘不封閉，於中央縱裂，具葉耳。多朵花排列成圓錐狀聚繖花序，花序頂生，但下方有一苞片由莖頂長出，因此使花序呈假側生狀；花淡綠色，花被片6枚離生，排列成2輪，花期四至十月。蒴果，成熟時3縱裂。

別名　虎鬚草、燈芯草、水燈心、赤鬚

產地　全世界廣泛分布，包括歐洲、亞洲、非洲、北美洲和南美洲，以溫帶及熱帶山地為主。

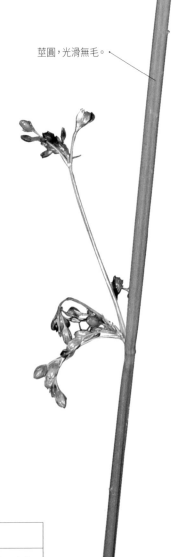

莖圓，光滑無毛。

燈心草也是青草茶的原料

用途

味甘，性寒，無毒。主治五淋，宜生煮服用；人們常用燈心草來編蓆，如果用破蓆煮服，效果更良。瀉肺，治外生殖器阻澀不利，行水，除水腫、小便不利。治急性咽喉腫痛、吞嚥困難，燒灰吹之，可迅速治療；燒灰塗乳上，餵小兒，能止小兒夜啼。降心火，止血通氣，散腫止渴。燒灰入輕粉、麝香，可治陰部潰爛、化膿。

附註：下焦虛寒，小便不禁者禁服。

收錄：草之四　宋《開寶》	利用部分：莖髓

鴨跖草科	鴨跖草屬	*Commelina communis* L.

鴨跖草 (本草名：鴨跖草)

　　鴨跖草是台灣原生種植物，原住民阿美族便擅長烹煮鴨跖草的幼嫩植株，不論煮湯或入菜皆可口。此外，鴨跖草也有清熱、消腫、解毒等功效，在民間屬於常用的藥草。而鴨跖草的藍色小花不僅可愛美麗，還能充當染料，只是量太少，不如其他藍染植物具有足夠的經濟效益。

特徵　一年生草本植物。葉互生，無柄或近於無柄，葉鞘抱莖，葉片披針形。花雄性或兩性，排成之花序由一總苞包住且與葉對生；花呈兩側對稱，萼片綠色，花瓣藍色，3枚，兩側者具柄，花期五至九月。蒴果橢圓形，2裂。

別名　竹葉草、竹仔草

產地　原產於東亞和東南亞的大部分地區，引種北美及歐洲。中國除新疆、西藏及青海以外各省區均有；台灣可見於海拔350至2,400公尺山區。

披針形葉

花呈兩側對稱，花瓣藍色。

葉鞘抱莖

用途

味苦，性大寒，無毒。治寒熱及因感受山嵐瘴毒而神智昏迷、狂妄多言，體內積水過多，疔腫，腹內肉塊不消，又治小兒丹毒，發熱癲癇，腹脹結塊，全身氣腫、熱痢，還治蛇犬咬傷、癰疽等毒症。和赤小豆煮食，可下水氣，治風濕性關節炎，利小便，消咽喉腫痛。

莎草科	莎草屬	*Cyperus rotundus* L.

香附子 (本草名：香附子)

　　香附子的地下莖貯存豐富的澱粉，呈白色且有香味，所以稱為「香附子」。這裡的「子」乃是指縱橫在土中的塊莖，而非指種子。香附子又稱「土香」或「土豆香」，由於生命力十分頑強，在從前時常惹火農民，恨不得除之而後快。

特徵　多年生草本植物，根莖匍匐，先端膨大成紡錘狀之球莖；稈直立，三稜，高10至40公分，獨立或數枝叢生。葉叢生於基部，線形，細長，深綠色；葉鞘閉合抱於莖上，鞘棕色，常裂成纖維狀。小穗線形，3至10個排列成繖狀；小花由鱗片、雄蕊及雌蕊組成，鱗片暗紅色，頂端常向外翹起。瘦果成熟時棕色，長橢圓形，具3稜。

別名　莎草、大香附、草附子、土香草

產地　分布於全世界溫帶、亞熱帶及熱帶地區，中國見於河北、河南、山西、陝西、甘肅及華東、西南、華南等地區，台灣常見於低海拔之開墾地。

小穗線形

香附子指的其實是根莖。

用途

味甘，性微寒，無毒。根：除胸中熱，充皮毛，久服利人，益氣，長眉。治心腹中客熱，膀胱間連脇下氣妨，常日憂愁不樂、心忪少氣。治一切氣，霍亂吐瀉、腹痛，腎氣、膀胱冷氣。散時氣寒疫，利三焦，解六鬱，消飲食積聚、腹脹、腳氣，止心腹、肢體、頭目、齒耳諸痛，治癰腫瘡傷，吐血、尿血，婦人崩漏帶下，月候不調，胎前產後百病。苗、花：主治丈夫心肺中虛風及客熱，皮膚搔癢癮疹，飲食不多、日漸瘦損，常有憂愁等。

收錄：草之三　《別錄》中品	利用部分：根莖

莎草科	莩薺屬	*Eleocharis dulcis* (Burm. f.) Trin. ex Hensch.

莩薺 (本草名：烏芋)

　　莩薺是多年生淺水性草本植物，喜歡溫暖潮濕的環境。營養豐富，含蛋白質、脂肪、胡蘿蔔素、維生素B、維生素C、鐵、鈣和碳水化合物，常用來入菜，如獅子頭，其爽脆口感令人喜愛。

特徵　地上莖叢生，莖上有節，節上生退化膜質鞘狀葉。穗狀花序，頂生，具白色細長花絲，結瘦果，瘦果呈倒卵形，黃褐色。莩薺是地下匍匐莖上先端膨大球莖，成熟後呈具有紫黑色栗殼，肉為白色，多汁而甜，清脆可口。

別名　水燈心草、馬蹄、烏芋

產地　熱帶西非、馬達加斯加、印度、東南亞、中國南部、澳大利亞北部、太平洋島嶼、台灣、韓國及日本南部。

球莖，有紫黑色栗殼。

常見叢生的地上莖

莩薺爽脆口感令人喜愛。

用途

味甘、性寒；可清肺熱，又富含黏液質，有生津潤肺、化痰利腸、通淋利尿、消癰解毒、涼血化濕、消食除脹的功效。

附註：莩薺又稱為地上栗，其在中醫功效和栗子相似。

收錄：果之六　《別錄》中品	利用部分：根

禾本科	薏苡屬	*Coix lacryma-jobi* L.

薏苡 (本草名：薏苡仁)

　　我們熟悉的養顏、美白聖品「薏仁」，即是薏苡果實脫殼後的籽粒。薏仁富含薏苡仁油、薏苡仁酯、蛋白質、多種氨基酸、維生素和礦物質，是禾本科中營養價值最高的植物，有「世界禾本科植物之王」的美稱。自古以來，薏仁就被人類視為保健的健康食品，不僅可以當作糧食充飢，舉凡四神湯、薏仁湯、薏仁酒等，也都是由薏仁為主要食材。

特徵　一年或多年生草本植物。莖直立，高約1至1.5公尺，約有10節。葉片寬闊，披針形，邊緣粗糙，中脈粗厚，互生。總狀花序在葉腋成束，雌小穗位於花序下部，外面包骨質念球狀總苞，花序半直立或下垂，約8公分，花序分雌雄兩種小穗，雄性小穗生在頂端，開花後即凋謝，雌性小穗生在花序基部，被一硬球狀的總苞包裹。果實成熟時，總苞堅硬而光滑，卵狀或卵狀球形。

別名　薏仁、薏苡仁、珍珠米
產地　中國、越南、泰國、印度、緬甸、台灣、日本

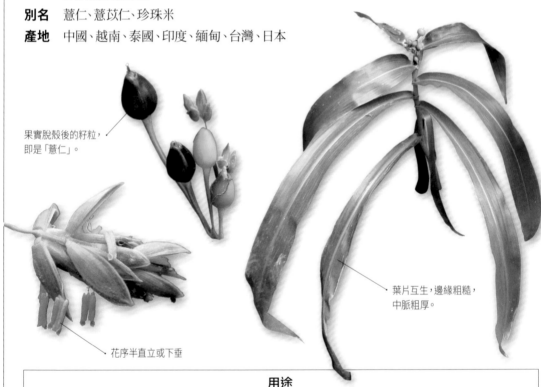

果實脫殼後的籽粒，
即是「薏仁」。

花序半直立或下垂

葉片互生，邊緣粗糙，
中脈粗厚。

用途
味甘、淡，性微寒，無毒。效用：強筋骨、益氣、健脾、利濕、清熱、補肺、驅蟲、鎮痛、鎮靜。主治：黃膽、驅蟲、牙痛、風濕性關節炎、夜盲症、消化不良藥、闌尾炎、腳氣病。 附註：孕婦忌用。

收錄：穀之二　《本經》上品　　　　　　　利用部分：種仁、根、葉

| 禾本科 | 白茅屬 | *Imperata cylindrica* (L.) Raeusch. var. *major* (Nees) C. E. Hubb. |

白茅 (本草名：白茅)

　　因其葉像矛，所以稱為白茅。白茅在中國古代是潔白、柔順的象徵，祭祀時常用來襯墊或包裹祭品。詩經提到：「野有死麕（音君，形似鹿而小），白茅包之。有女懷春，吉士誘之。」描述年輕男子用白茅包裹獵獲的野鹿，獻給少女，以表示傾慕之意。

特徵　多年生草本植物，根莖橫走地上，密佈鱗片，稈直立，叢生，具2至5節，節上有毛。葉叢生，披針形，邊緣通常內捲，基部有毛，葉片與葉鞘間的葉舌為短膜質。總狀花序多數，聚集成緊縮的圓錐花序，小穗圓筒狀，被基盤和穎的白色長絹毛所包住，穎片膜質，上位外稃全緣，下位內稃缺如，花被片退化而缺如。果實為穎果，即果皮和種皮癒合，僅具單顆種子的不開裂乾果。

別名　茅草、白茅根、茅根草。根名：茹根、蘭根、地筋、地菅。

產地　亞洲至澳洲之暖溫帶及溫帶地區與非洲東部及南部，中國如遼寧、河北、山西、山東、陝西、新疆，台灣常見於低至中海拔開闊地。

白茅的根可熬製青草茶

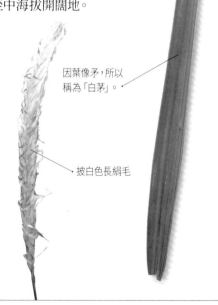

因葉像矛，所以稱為「白茅」。

披白色長絹毛

用途

味甘，性寒，無毒。主治勞傷虛羸，能補中益氣，除瘀血，利小便，下五淋，除腸胃熱邪，止渴堅筋，療婦人崩漏。久服利人，能通血脈，治婦人月經不調，止吐血和各種出血，並能治傷寒氣逆上衝，肺熱喘急，黃疸、水腫，解酒毒。白茅的根，味道甘甜，能消除伏天的熱氣，是非常好的藥物。

收錄：草之二　《本經》中品　　　　　　　利用部分：根

禾本科	淡竹葉屬	*Lophatherum gracile* Brongn.

淡竹葉 (本草名：淡竹葉)

相傳當年張飛攻打張郃把守的城池時，諸葛亮派人送來了五十罈「佳釀」，張飛與軍士們歡呼暢飲。張郃一氣之下，當夜出城襲敵，不料慘敗，原來這是諸葛亮的欺敵之計。張飛他們喝的不是什麼美酒，而是淡竹葉的中藥湯，不但騙過了敵軍，也解除了兵士們因為戰事而造成的燥熱。民間亦流傳，淡竹葉加上豆腐與清水煮熟，再加白糖調味，即可熬出一碗清熱、除煩、利尿的好湯。

葉形頗似竹葉

特徵　多年生草本植物，鬚根上具膨大之小塊根，稈直立，叢生。葉狹披針形，基部縮成柄狀，表面被毛，葉脈間具橫脈，葉片與葉鞘間的葉舌先端平截。單側穗狀花序排列成總狀，小穗無柄，具小花多朵，但只有最下一朵可孕，外稃先端具短芒。果實為穎果，即果皮和種皮癒合，僅具單顆種子的不開裂乾果。

別名　竹麥冬、長竹葉、山雞米。根名：碎骨子。

產地　廣泛分布於亞洲熱帶和亞熱帶地區，從印度南部、斯里蘭卡、中南半島、中國南部、台灣到韓國、日本，以及馬來西亞、印尼和澳洲北部。台灣則在低至中海拔乾燥地區是常見的森林地被植物。

淡竹葉的花

葉狹披針形，葉脈間具橫脈。

用途

味甘，性寒，無毒。葉去煩熱，利小便，清心熱；根能墮胎、催生。民間以其根苗搗汁，和米做酒麴，有濃烈芳香。

附註：體虛有寒者及孕婦禁服。

禾本科	金髮草屬	*Pogonatherum crinitum* (Thunb.) Kunth

金絲草（本草名：金絲草）

　　多年生草本植物，全年都可採集，只要清洗乾淨並曬乾，即可備用。因其甘、涼的特性，既可清熱又能解暑、利尿，對減緩感冒高熱、中暑、尿路感染、腎炎水腫、黃疸型肝炎、糖尿病、小兒久熱不退等症狀亦有助益。

特徵　稈叢生，直立而纖細，其上有3至6個節，株高10至30公分。葉片與葉鞘間的葉舌短小，上緣具纖毛。總狀花序腋生，小穗成對，一有柄、另一無柄，基盤長鬚毛；外穎軟骨質，內穎具長芒，上位外稃2裂，具長芒，芒金黃色，春季開花。果實為穎果，即果皮和種皮癒合，僅具單顆種子的不開裂乾果，橢圓形。

別名　筆仔草、文筆草、紅毛草、港蘇

產地　分布於印度至中國、馬來西亞及日本，台灣可見於全島平原坡地及低海拔山丘。

金絲草常見叢生於野外坡地。

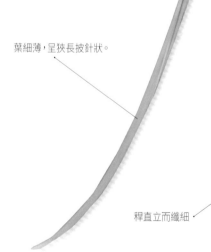

葉細薄，呈狹長披針狀。

稈直立而纖細

用途
味苦，性寒，無毒。全草皆可入藥，連根拔取後切段曬乾，或曬乾後切段，鮮草亦可用。

收錄：草之二　《綱目》	利用部分：全草

禾本科	稻屬

在來米 (本草名:秈)

學名　*Oryza sativa* L. subsp. *hsien* Ting　│　收錄：穀之一　《綱目》

　　秈稻屬於稻的亞種，原產於中國江南地區，隨著來台先民的腳步，自中國引進台灣。秈稻的米質較硬、黏性較差，蛋白質含量低，澱粉含量高，在台灣通常用來製成蘿蔔糕（菜頭粿）、碗粿、米粉、粄條等小吃。秈稻比粳稻更需要長日照，也較耐熱，它的優勢在於生長期短，可以輪作，產量較粳稻來得高。但秈稻米粒強度低，易脫落，且不能承受重壓，稻穀加工時容易變成碎米，出米率較低。

秈稻、糯稻與粳稻生長型態、辨識重點相似。

特徵　一年生草本植物。秈稻與糯稻、粳稻同科、同屬，生長型態、辨識重點相似。唯秈稻葉片較寬大且長度較長，葉片呈淡綠色，莖稈較高、較軟。穀粒呈細長形或扁形，穎上的細毛少而短。秈稻較耐濕、耐熱、耐強光，但不耐寒，適合種植於低緯度、低海拔的濕熱地區。

別名　秈稻、秈米、在來米、早稻、占稻

產地　主要產自印度、泰國、緬甸、柬埔寨、中國華南及華中地區，台灣亦有生產。

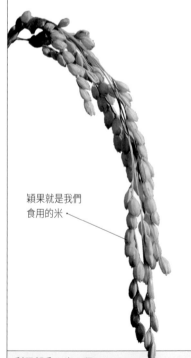

穎果就是我們食用的米

▲由左至右：黑糯、紅糯、香米、秈稻、秈稻、秈糯、秈糯。

用途
味甘，性溫，無毒。效用：補中益氣、止瀉、養脾胃、除濕、止瀉。主治：霍亂止瀉。

利用部分：米、秆

蓬萊米 (本草名：粳)

學名　*Oryza sativa L. subsp. keng* Ting　│　收錄：穀之一　《別錄》中品

　　早期在台灣種植的稻米只有「秈稻」品種，也就是「在來米」。日本占領台灣後，為了供應日本國內米食的需求，從日本引進了「粳稻」。當時，為了和日本當地所產的粳稻有所區別，便稱台灣粳稻為「蓬萊米」，意即在蓬萊仙島台灣所種植的米。粳稻米粒圓且短，呈橢圓或卵形。米粒強度大，耐壓耐磨，加工後不易產生碎米。此外，蓬萊米蒸煮之後，米粒脹性較小，且黏性較「在來米」大。有些粳稻的品種具有香味，所以又叫「香粳米」。根據粳稻的播種期、生長期和成熟期的差異，可分為早稻、中稻和晚稻三種。早稻的生長期90至120天，中稻120至150天，晚稻為150至170天。

別名　粳米、蓬萊米、秔、秔稻、水濟粳、硬米、大米
產地　米主要產自中國淮河以北、日本和韓國等地區

用途
粳米：味甘、苦，性平，無毒。效用：益氣、止煩、止渴、止瀉痢。主治：霍亂止瀉、胎動腹痛、疔腫。

糯稻 (本草名：稻)

學名　*Oryza sativa L. var. glutinosa Matsum.*　│　收錄：穀之一　《別錄》下品

　　糯稻脫殼之後，在中國北方稱為「江米」，南方稱為「糯米」，亦即台灣包粽子採用的的品種。糯米在中國是重要的主食，凡端午節的粽子、臘月必吃的臘八粥、八寶粥等各種甜品，糯米都是主要原料。糯米與其他稻米不同之處，是糯米所含的澱粉以「枝鏈澱粉」為主。這種澱粉煮後較具黏性，不易消化，有腸胃疾病患者應節制，少量食用。

秈稻與糯稻、粳稻，辨識重點相似。

別名　糯米、江米、元米、酒米
產地　北印度、孟加拉、東南亞、中國、日本、韓國及台灣均有種植

用途
稻米：味甘，性溫，無毒；稻稈：味辛、甘，性熱，無毒。效用：益氣、止洩、止渴、解毒。主治：痔瘡、流鼻血、白帶、腰痛虛寒、黃膽、霍亂、燒燙傷。
附註：腸胃虛者不宜多食。

| 禾本科 | 甘蔗屬 | *Saccharum officinarum* L. |

甘蔗 (本草名：甘蔗)

　　甘蔗是台灣早期製糖的主要原料，因而成為台灣重要的出口經濟。市面上有紅、白兩種甘蔗，紅甘蔗較嫩適合生食，白甘蔗則不易啃食，多用於製糖。一般烹飪常見的白糖、紅糖、冰糖，就是由甘蔗汁提煉，主要成分是蔗糖。蔗糖是植物體內最常被用來傳送糖分的形式，而甘蔗的莖裡便充滿了蔗糖汁液。

特徵　多年生草本植物，高可達4公尺，直立圓柱狀的莖是最明顯的特徵，莖上的節明顯，直徑約5公分，每年採收可達七、八次，莖的外皮呈棕紅色或是綠色。葉鞘長於節間，鞘頂具毛，葉深綠色，長而尖，葉寬帶形而長，先端漸尖至銳尖形，邊緣粗糙或細鋸齒，兩面粗糙或疏被毛。夏天開花，小花穗呈白色。果期秋季。

別名　竹蔗、糖蔗

產地　熱帶、亞熱帶

直立圓柱狀的莖是甘蔗最明顯的特徵。

甘蔗葉邊緣粗糙，小心割手。

食用部位為其莖

用途
味甘、性寒，歸肺、胃經。具有清熱解毒、生津止渴、和胃止嘔、滋陰潤燥等功效。主治口乾舌燥，津液不足，小便不利，大便燥結，消化不良，反胃嘔吐，呃逆，高熱煩渴等。

| 收錄：果之五　《別錄》中品 | 利用部分：莖、渣 |

| 禾本科 | 蜀黍屬 | *Sorghum bicolor* (L.) Moench |

高粱 (本草名：蜀黍)

本草記載的「蜀黍」即是現今俗稱的高粱，性耐高溫、乾旱，在土地貧瘠的地方依然生長，中國東北、華北及台灣的金門地區都有種植。金門地區極富盛名的「高粱酒」正是由高粱釀製而成。金門高粱酒味道香、醇、甘、冽，是金門地區的明星產品，每年為金門帶來極高的經濟收入。

高粱為兩性花。

特徵 一年生草本植物。莖直立，稈高13公尺，直徑約2公分。葉舌尖硬，圓形，邊緣被毛。圓錐花序，下部分枝呈輪狀。小穗成對，有2型，有柄無穗為無柄小穗的1/4長，線狀橢圓形，深棕色；無柄小穗長約5公釐，軟形。穎革質，中央光滑，上部被剛毛，內穎與外穎等長，下位外稃膜質，邊緣撕裂狀，具稜脊，3條脈，上位外稃卵形，膜質，邊緣被毛，具膝曲之芒，內稃線形，邊緣呈撕裂狀，膜質。穎果長約2公釐。

別名 蘆粟、蜀秫、秫米

產地 原產於非洲中部，全球廣泛栽植，特別是非洲、南亞、印度和緬甸、東亞、澳洲東南、中美洲、美國南方和南歐。

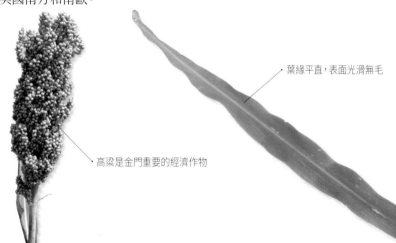

葉緣平直，表面光滑無毛

高粱是金門重要的經濟作物

用途

味甘、澀，性溫，無毒。效用：補中氣、益脾胃、利尿、祛濕、止瀉。主治：霍亂、痢疾、小便淋痛、下痢、小兒消化不良、膝痛、腳跟痛、難產。

附註：糖尿病患者、大便燥結、便秘者忌用。

收錄：穀之二 《食物》　　利用部分：米、根

| 禾本科 | 玉蜀黍屬 | *Zea mays* L. |

玉蜀黍 (本草名：玉蜀黍)

　　玉蜀黍用途廣，可做為食物、飼料和工業原料，屬於高經濟作物。世界上許多地區都以玉蜀黍為主食。不過，它的營養價值低於其他穀物，蛋白質含量也較低，又缺乏菸草酸。倘若純粹以玉蜀黍為主食，缺乏其他副食品補充營養，容易產生皮膚病變。

玉米開花的模樣，莖頂的是雄花序。

特徵　一年生草本植物。莖高1至4公尺，不具分枝，基部各節具氣生根。葉鞘包桿，具橫脈，單葉互生，葉片劍形或披針形，邊緣有波狀皺折，中脈明顯。花單性同株，雄花序出自莖頂，大形圓錐狀；分枝長而多，含多數密集小穗，小穗有小花2朵，一朵近於無柄，一朵具柄；雄蕊3枚，雌花序著生於葉腋，圓柱狀穗狀花序，全部為多數葉狀總苞所包；穗軸粗而肥厚，上面排列8至18列或更多列小穗；花柱絲狀，極長，頂端常突出於總苞外。穎果略呈球形，成熟時裸露於穗軸上，有金黃色、黃色、紫色、黑色或白色。

別名　玉米、番麥

產地　起源於墨西哥和中美洲。在南、北美洲、中國是最重要的穀物作物之一，全球其他地區廣泛種植。

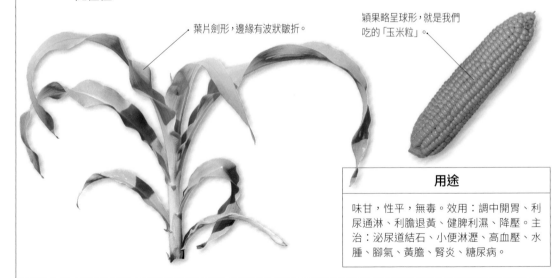

葉片劍形，邊緣有波狀皺折。

穎果略呈球形，就是我們吃的「玉米粒」。

用途

味甘，性平，無毒。效用：調中開胃、利尿通淋、利膽退黃、健脾利濕、降壓。主治：泌尿道結石、小便淋瀝、高血壓、水腫、腳氣、黃膽、腎炎、糖尿病。

收錄：穀之二　《綱目》　　　利用部分：種子、柱頭、根、葉

禾本科	菰屬	*Zizania latifolia* (Griseb.) Turcz. *ex* Stapf

茭白筍 (本草名：菰、菰米)

　　茭白筍可食用的部位外觀猶如美人的小腿，再加上肉質白嫩，因而有「美人腿」之稱，無論煮湯、清炒、燒烤或做成沙拉，都是非常美味的食物。特別的是，鮮嫩可口的茭白筍，其實是被黑穗菌寄生的「病態莖」。至於正常無寄生的的茭白植株，則反而較不具經濟價值。其種子稱「菰米」，古時穀物之一。

茭白筍有「美人腿」之美稱

特徵　多年生宿根性水生植物。植株可高達1.2至2公尺，根狀莖粗短肥厚，生有多數匐枝及粗壯鬚根埋於泥中。葉細長披針形，平形脈表面有鋼毛，葉緣膜質，利如刀刃，葉基部與葉鞘連接處有三角形葉舌。茭白的公株莖梢上能抽穗開花，花序為圓錐花序，雌雄花生在同一花序上，雌花著生於花序上方，雄花著生於花序下方；雄株在生長初期與帶菌株無法區別，待生育後期抽穗開花才能區別。

別名　美人腿、菰實

產地　中國、印度東北、緬甸、台灣、日本、韓國及俄羅斯遠東地區

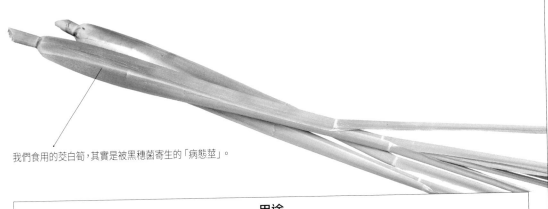

我們食用的茭白筍，其實是被黑穗菌寄生的「病態莖」。

用途
茭白：味甘，性冷，無毒；菰根、菰實：味甘，性寒，無毒。效用：清熱、利濕、解毒、生津止渴、除煩、通乳、利大小便。主治：酒精中毒、燙傷、情緒煩躁、大小便不通、高血壓。
附註：脾胃虛寒者慎用。

收錄：草之八　《別錄》下品	利用部分：莖 (食用部位)、根 (地下莖)、葉、果實

棕櫚科	檳榔屬	*Areca catechu* L.

檳榔 (本草名:檳榔)

　　提及檳榔,即令人聯想到口腔癌。其實檳榔不盡然只有壞處,其結穗組織可入菜,在檳榔子未成長前收割,稱為「半天筍」,因生長在半空中且清脆爽口、口感近似竹筍。過去許多地方,如台灣南部或海南地區,多半在賓客來訪時送上檳榔致意,當作美好友誼的象徵,倘若沒以檳榔宴客,主客彼此將會互生嫌恨。

特徵　樹高約十幾公尺,莖幹似椰子樹。樹葉從頂中間發出,呈弓形。花為黃色小花,可發育為約50顆左右的成串果實;果實如棗子般大小,初時為綠色,成熟後轉為橘黃色。

別名　青仔、賓門

產地　東南亞、南亞、熱帶太平洋島嶼、東非部分地區

羽狀複葉頂生

乾燥的果實

種子

成熟轉為橘黃色的果實

環紋

用途

檳榔子味苦、辛、澀,性溫。主治:殺蟲消積、降氣、行氣、通便、趨蟲、水腫腳氣。

附註:檳榔本身有檳榔鹼,能促發癌症,台灣人吃食多添加石灰等,更加速細胞病變。目前已證實十大癌症之一的口腔癌,與嚼食檳榔有關。

收錄:果之三　《別錄》中品　｜　利用部分:果實、花

棕櫚科	山棕屬	*Arenga pinnata* (Wurmb) Merr.

砂糖椰子 (本草名：桄榔子)

　　因為汁液可製糖，因此稱「砂糖椰子」。收集開花前花穗基部切口所流下來的汁液，蒸發後製成濃糖漿，冷卻後即成糖，口感類似太妃糖。莖髓可用來作西谷米；花朵的汁液則可發酵成棕櫚酒。

特徵　樹高約20公尺，莖幹粗壯單立，樹幹具環紋，具有羽狀葉片組成的輻射狀樹冠，葉長約6公尺；樹冠上的環紋狀覆蓋著老葉纖維狀的黑色葉鞘，具極多數線形小葉，前端成咬切狀，葉背灰白，每側可達100枚以上，線形，長達1至1.5公尺。肉穗花序腋生，花梗粗壯下彎，分枝極多，長達1公尺左右，花單性，雌雄同株。果實球形或扁球形，有種子2至3枚。花期4月，果期11月。

別名　桄榔、糖樹、莎木

產地　熱帶亞洲，從印度東部經中南半島到馬來西亞、印尼和菲律賓。中國福建、廣東、海南、雲南等地栽植。

樹幹具環紋，株高約20公尺。

小葉前端成咬切狀

種子

果實

用途

味苦，性平，無毒。花朵的汁液釀成的酒可以治療月經失調和頭暈。根在草藥中可以用來治療腎結石。

收錄：果之三　宋《開寶》 | 利用部分：果實、樹皮

棕櫚科	椰屬	*Cocos nucifera* L.

椰子 (本草名：椰子)

　　椰子的用途多且廣泛。椰葉可蓋屋頂、編織，椰子樹幹當作建築材料。此外，樹液可製作糖果，發酵後還能製酒。至於椰子果實，內果肉可食，若將椰子對半切，開可當勺子；椰子汁液可供飲用，稱為半天水。而椰子油還可以用來製作肥皂。

椰子是多用途的經濟作物。

特徵　為熱帶性常綠喬木，高可達30公尺，樹幹直立不分枝，環節明顯，莖基部到頂部幾乎等粗。葉與果實均長在莖頂，羽狀複葉，革質。整年不定期開花，花為單性，雌雄同株。果實成卵圓形，夏季成熟，稱為椰果，大小約足球般大，外表光滑，為黃綠色。椰子普及於熱帶地區，果實可在海中隨風浪漂流上千公里後落地繁殖。椰子內有厚纖維層，包覆種子1顆，敲開種子的硬殼即為白色果肉層，果肉香甜，果肉層內有大量空腔，內含汁液，也就是俗稱的椰汁。

別名　可可椰子、天堂之樹

產地　可能源自波斯灣地區，目前在非洲北部及東北部、中東、及南亞等地廣泛種植，並在全球許多熱帶和亞熱帶地區歸化。中國的福建、廣東、廣西、雲南等地有引種栽培。

內果皮有三個發芽孔

椰子為羽狀複葉

用途
椰子瓤：性平、無毒，有益氣治風功效；椰子漿：性溫、無毒，可生津利尿、治療熱病、止消渴。
附註：椰子以熱帶地區較佳，如泰國椰子清甜。台灣產的椰子汁味道較淡，略帶鹹味。

收錄：果之三　宋《開寶》　　　　　　　利用部分：瓤、漿、皮、殼

棕櫚科	刺葵屬	*Phoenix dactylifera* L.

海棗 (本草名：無漏子)

　　「海棗」顧名思義指的是在海邊生長的植物，果實似棗。海棗不僅出現在海邊，也常出現在沙漠中。海棗營養豐富，有「綠色金子」之稱，果實產量多，含糖量高，富含維生素B6。葉子可蓋屋子或是用來編織繩子、蓆子。樹液可製糖和釀酒。海棗深受中東人喜愛，在阿拉伯神話中具有重要地位，希臘人也常利用其枝葉裝飾在神殿四周。

特徵　生長在熱帶、亞熱帶地區，是一種在西亞和北非沙漠綠洲中常見的大喬木。樹幹高大挺直，高可達20多公尺。葉子呈羽狀複葉形，葉片狹長，堅韌、略帶有灰白色，下方羽片變為針刺。外表類似於椰樹，雌雄異株，果實狀似棗故又名棗椰樹，長約3至6公分，可食，內含1果核，果核帶有深長溝為其特色。具有耐旱、耐鹼、耐熱而又喜潮濕的特點。

別名　波斯棗、海棕、椰棗

產地　分布於西亞、北非以及中國的福建、廣西、雲南、廣東等地

海棗葉為羽狀複葉

海棗具有耐旱、耐鹼、耐熱而又喜潮濕的特點。

用途

味甘，性溫，無毒。補中益氣，止咳潤肺，化痰平喘，消食，止咳嗽，補虛羸。

收錄：果之三　《拾遺》	利用部分：果實

棕櫚科	棕櫚屬	*Trachycarpus fortunei* (Hook.) H. Wendl.

垂葉棕櫚（本草名：棕櫚）

　　棕櫚不僅是很常見的庭園造景的植物，其他功能也不少。棕櫚的木材良好，可作為優良建材；葉脈的纖維可以用來製作掃帚、毛刷、簑衣等用品；棕皮則可以製作繩索。

特徵　常綠中喬木，植株可高達15公尺，樹幹圓柱形，聳直不分枝。周圍包以棕皮，樹冠繖形。葉形如蒲扇，為圓扇形，掌狀深裂，簇生於莖端，葉鞘纖維質，為黑褐色纖維，包莖，具長葉柄。肉穗花序，腋生，長40至60公分，多數簇生；花極小，淡黃色，有明顯的花苞，雌雄異株或同株。核果，腎狀球形，熟時呈藍黑色，果熟 11月。

棕櫚是很常見的庭園造景的植物

別名　棕樹、棕衣樹、下掃把
產地　從中國華南（秦嶺、長江流域）到緬甸北部

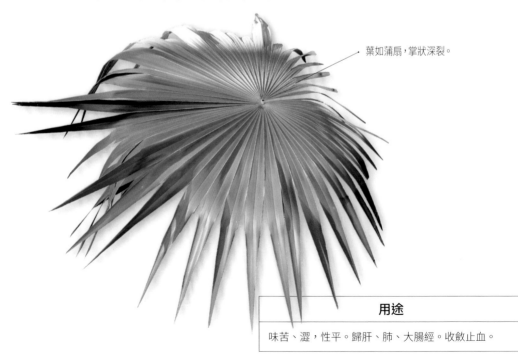

葉如蒲扇，掌狀深裂。

用途
味苦、澀，性平。歸肝、肺、大腸經。收斂止血。

收錄：木之二　宋《嘉祐》	利用部分：莖皮、果實

天南星科	芋屬	*Colocasia esculenta* (L.) Schott

芋 (本草名：芋)

　　芋是全球熱帶地區重要的糧食作物，現今已有許多不同品種。芋營養豐富，富含澱粉、膳食纖維、維生素B、鉀、鈣、鋅等營養素，不僅可當主食，也可製作各種甜點，例如：芋頭酥、芋泥包、芋圓、芋頭甜湯等。

特徵　植株高約100至150公分，塊莖粗大，卵形或長橢圓形，外表褐色，具纖毛。葉基生，2至5片成簇，呈卵形，盾狀著生，長約20至60公分；全緣或帶波狀，頂端短尖或漸尖，基部耳形，2裂；葉柄長約20至90公分，基部鞘狀。花序柄單生，片部披針形，長約20公分，基部內捲，向上漸尖，呈淡黃色；肉穗花序橢圓形，下部為雌花，其上有一段不孕部分，上部為雄花，頂端具短的附屬體。

別名　蹲鴟、芋頭、芋仔
產地　可能源自東南亞和印度，在其他熱帶和亞熱帶地區廣泛種植和歸化。

塊莖就是我們食用的芋頭

葉片盾狀著生

花為肉穗花序

芋營養豐富，也是重要的糧食作物。

用途

芋子：味甘、辛，性平、滑，有小毒；莖、葉：味辛，性冷、滑，無毒。效用：止渴、開胃、下氣、調中補虛、解毒、消腫、消炎、鎮痛。主治：口瘡、牛皮癬、燒燙傷、瀉痢、胃痛、吐血、痔瘡、脫肛、胎動不安、蛇蟲咬傷、子宮脫垂、痢疾、慢性腎炎。

收錄：菜之二　《別錄》中品	利用部分：塊莖、葉、葉柄

天南星科	半夏屬	*Pinellia ternata* (Thunb.) Makino

半夏 (本草名：半夏)

生半夏有毒，須經炮製才能服用。

　　傳說，從前有位叫白霞的姑娘在田裡挖了一種植物的地下塊莖，試著拿來充飢，沒想到吃了之後開始嘔吐，於是她趕緊嚼塊生薑止吐。結果不但嘔吐止住了，連久治不癒的咳嗽也治好了，從此白霞就用這種植物的塊莖和生薑一起煮湯給鄉親們治咳。由於這塊莖含豐富的漿液，要清洗很多次才能使用，有一次白霞在清洗時不慎摔入河中喪命，鄉親為了紀念她，便將此藥命名為「白霞」。後來日子久了，人們忘了白霞的故事，發現此藥是在夏秋之際採收，便將其稱為「半夏」。

特徵　多年生草本植物，塊莖球形。葉2至數枚，常在葉柄中央或頂端生出珠芽，葉片全裂成3枚小葉，小葉卵狀橢圓形或長橢圓形，中央的小葉較兩側的大。花序下部的雌花區與佛焰苞合生，上部之雄花區短圓柱形，花序之附屬物呈線狀圓錐形，其長度長於佛焰苞，花單生，無花被。果實為漿果。

別名　守田、水玉、地文、地雷公、小野芋

產地　日本、韓國，中國遼寧至廣東，西至甘肅、西南至雲南均有分布，如四川、湖北、江蘇、安徽等省。台灣可見於全島低海拔地區。

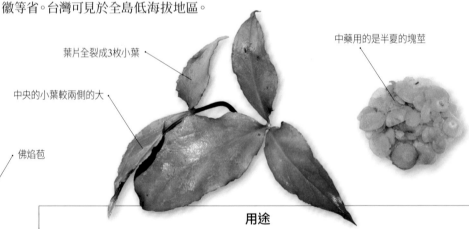

葉片全裂成3枚小葉

中央的小葉較兩側的大

佛焰苞

中藥用的是半夏的塊莖

用途

味辛，性平，有毒。主治傷有發冷發燒、胃脘堅硬的傷寒，能使上逆的氣機順暢下行，治療咽喉腫痛、頭眩暈，消除胸悶咳嗽，止腸鳴，並能止汗。此外，由於其涎滑能潤，所以能行濕而通大便、利竅而瀉小便，並能消除癭腫、痿黃，悅澤肌膚，另可用於墮胎。

附註：生半夏有毒，須經炮製才能服用。此外，半夏10克，加上秫米30克，再加水800毫升煮沸後以小火熬20分鐘，晚飯前半小時服用，能解鬱和胃除痰，具有安神之效，可治療失眠。

收錄：草之六　《本經》下品	利用部分：塊莖

| 浮萍科 | 浮萍屬 | *Spirodela polyrhiza* (L.) Schleid. |

水萍 (本草名：水萍)

　　水萍因為葉背面呈現紫紅色，又稱為「紫萍」。雖然葉面直徑只有8至10公釐，但已經是浮萍科中個體最大的植物，人們常把水萍和「青萍」混稱為「浮萍」。但仔細觀察它們的根，便能發現水萍和青萍不同：水萍的根通常有五到十條，而青萍的根只有一條，非常容易分辨。

特徵　一年或多年生浮水草本植物。植物體葉狀，圓形或卵形，對稱或略對稱，直徑8至10公釐，2至5連成群，根5至10條叢生。上表面扁平綠色或淺綠色，沿中央脈具乳頭狀凸起，下表面扁平或中凸顏色為紅紫色，基部狹，先端鈍形。以不定芽無性繁殖，雌雄同株。具1或2雄花及1雌花，雄花具1雄蕊，雌花單生，無柄。果實為胞果。

別名　浮萍、浮萍草

產地　分布範圍遍及全球，包括北美、南美、歐亞中國和世界其他地區。

上表面沿中央脈具乳頭狀凸起

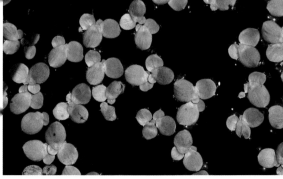

水萍是浮萍科中個體最大的植物

用途
味辛，性寒，無毒。效用：下水氣、清熱、解毒、祛風、透疹、解表發汗、利尿消腫。主治：疔瘡腫毒、風熱症、火（燙）傷、風疹、風濕麻痺、腳氣、跌打損傷、口舌生瘡、吐血、流鼻血、蕁麻疹、皮膚癢、小便不利、水腫、丹毒。

| 收錄：草之八　《本經》中品 | 利用部分：全草 |

香蒲科	香蒲屬	*Typha orientalis* C.Presl

香蒲（本草名：香蒲、蒲黃）

　　香蒲最特殊的特徵，是擁有外型如蠟燭般的圓錐形穗狀花序，因此又稱為「水蠟燭」。台灣還另有一種香蒲屬植物——狹葉香蒲，又稱「水燭」，同樣具有圓錐形穗狀花序。香蒲與狹葉香蒲的差異在於：香蒲的雄花較短，與雌花幾乎連在一起；狹葉香蒲的雄花較長，與雌花不相連。此外，香蒲的雌雄花序不分離，狹葉香蒲的雄花序則和雌花序上下分離。由於香蒲的葉片為長劍形，因此也稱為「蒲劍」。

特徵　多年生挺水草本植物。地下莖匍匐泥中，地上莖圓柱形直立，高70至150公分。葉線形，向頂端漸尖，遠軸端中凸，自葉基部成鞘狀抱莖直立。穗狀花序頂生，花黃褐色，圓柱狀，雄花在上，雌花在下，長7至9公分，雄花基部或中間部位具葉狀苞片，雄蕊1至3枚，著生於一短柄上，短柄基部具毛；雌花圓柱狀，子房1室，著生於一基部具許多細毛之細長柄上，細毛之間無小苞片。瘦果，有毛。

別名　蒲黃、蒲劍、水蠟燭、水燭香蒲

產地　原產於東亞和東南亞（包含俄羅斯遠東地區、中國、日本、台灣、菲律賓和巴布亞新幾內亞）、澳大利亞和紐西蘭。

香蒲是水邊常見的挺水植物

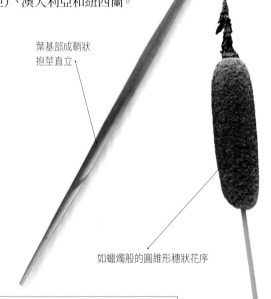

葉基部成鞘狀抱莖直立

如蠟燭般的圓錐形穗狀花序

用途
味甘，性平，無毒。效用：止血、化瘀、通淋、清熱、涼血、利水、消腫。主治：吐血、外傷出血、經閉、痛經、跌打腫痛、小便不利、孕婦勞熱、胎動下血、消渴、口瘡、熱痢、水腫、毒蛇咬傷。

收錄：草之八　《本經》上品	利用部分：花粉

| 薑科 | 薑屬 | *Zingiber officinale* Roscoe |

薑 (本草名:生薑)

　　生薑和葫、葱一樣,都是華人烹調作菜的重要調味香料,具有去腥、殺菌作用。生薑所含的「薑辣素」,有促進血液循環、驅寒、排汗、促進食慾等功效。每當四肢冰冷或受風寒時,喝下一杯熱薑茶,立時感到渾身暖和。自古以來,薑是中國人的養生聖品,據說春秋時期,孔子每餐後必吃生薑養生。由於生薑可以祛病保健,中國因而有一句俗語:「朝含三片薑,不用開藥方」。可見,生薑在中國人的日常飲食中,地位相當重要。

特徵　多年生宿根草本植物。莖肉質,肥厚,扁形,有辛辣味。葉披針形至條狀披針形,先端漸尖基部漸狹,光滑無毛,有抱莖的葉鞘,無柄。花莖直立,被瓦狀疏離鱗片,穗狀花序卵形至橢圓形;苞片卵形,淡綠色,花密集,萼短筒狀;花冠3裂,裂片披針形,黃色,唇瓣較短,長圓狀倒卵形,呈淡紫色並有黃白斑點;雄蕊1枚,挺出,子房下位;花柱絲狀,淡紫色,柱頭放射狀。蒴果長圓形長約2.5公分。

別名　生姜、薑仔、茗荷、蘘荷

產地　源自東南亞島嶼,在熱帶地區廣泛種植,包含南亞、東南亞、非洲和太平洋島嶼。

芽

莖肉質,有辛辣味。

不定根

葉披針形,光滑無毛。

薑是中國人的養生聖品

用途

味辛,性微溫,無毒。效用:消腫、散煩悶、開胃健脾、發汗、祛風、止嘔、止咳、消瘀、利濕。主治:口瘡、牙痛、跌打損傷、狐臭、耳凍瘡、吐血、腹內寄生蟲、紅眼病、風寒感冒、嘔吐、消化不良、風濕疼痛。

附註:陰虛內熱及實熱症忌用。

| 收錄:菜之一　《別錄》中品 | 利用部分:根、莖、葉 |

本草綱目索引

草部
草之一
知母	211
桔梗	196
萎蕤	215

草之二
白薇	166
白茅	227
石蒜	216
金絲草	229
硃砂根	162

草之三
當歸	157
茉莉	165
香附子	224
蒟醬	69
爵牀	192

草之四
茺蔚	179, 180
木賊	20
青葙子	53
枲耳	206
苧麻	43
夏枯草	182
茵陳蒿	199
惡實	198
漏盧	201
豨薟	205
燈心草	222
雞冠	54

草之五
三白草	68
火炭母草	45
牛膝	51
半邊蓮	197
甘藍	76
決明	100
車前	193
虎杖	46
海金沙	24
馬鞭草	176

淡竹葉	228
麥門冬	214
紫花地丁	140
萱草	213
蜀葵	133
鼠麴草	204
蒴藋	195
蒺藜	105
蕨菜	79
鴨跖草	223
龍珠	188
龍葵	187
鱧腸	202

草之六
鬼臼	63
射干	221
毛茛	62
半夏	242
曼陀羅花	183
蓖麻	108
鳳仙	126
蕁麻	44

草之七
土茯苓	220
天門冬	212
木蓮	40
木鼈子	150
王瓜	151
白英	185
百部	217
忍冬	194
使君子	152
威靈仙	61
牽牛子	174
蛇莓	82
通脫木	156
釣藤	170, 171
絡石	167
菝葜	219
菟絲子	172
黃藥子	218
葎草	41
葛	99

蔹烏蔹莓	130

草之八
香蒲、蒲黃	244
水萍	243
羊蹄	47
菰、菰米	235
蕁	66
蘋	21

草之九
石胡荽	200
石韋、金星草	23
石莧	175
虎耳草	81
骨碎補	22
酢漿草	104

草之十
卷柏	25

穀部
穀之一
秈	230
胡麻	190
粳	231
稻	231

穀之二
薏苡仁	226
玉蜀黍	234
蜀黍	233
綠豆	102
豌豆	97
蠶豆	101

穀之三
大豆、黑大豆、黃大豆	96

菜部
菜之一
水靳	160
生薑	245
胡荽	158
胡蘿蔔	159

韭	208	橘	114	紫檀	98
茼蒿	203	橡實	34	楓香脂、白膠香	80
菜菔	78			菌桂、牡桂、木桂	57
葫	209	**果之三**		樟	56
葱	207	五斂子	103	盧會	210
蕪菁	77	波羅蜜	37	櫰香	30
羅勒	181	阿勃勒	94		
		桃椰子	237	**木之二**	
菜之二		荔枝	122	大風子	139
水苦蕒	189	都念子	74	巴豆	107
芋	241	無花果	39	松楊、椋子木	155
馬齒莧	48	無漏子	239	柳	31
莧	52	椰子	238	相思子	92
菠薐	50	韶子	123	海紅豆	93
落葵	49	橄欖	125	海桐	95
蕹菜	173	龍眼	121	烏臼木	109
蕺	67	檳榔	236	梓	191
				梧桐	138
菜之三		**果之四**		棕櫚	240
冬瓜	141	吳茱萸	116	無患子	124
南瓜	146	食茱萸	117	訶黎勒	153
胡瓜	145	胡椒	70	椿樗	118, 119
苦瓜	149	茗	73	楝、金鈴子	120
茄	186			榔榆	36
壺盧	147	**果之五**		罌子桐	106
絲瓜	148	甘蔗	232		
越瓜	144	西瓜	142	**木之三**	
		甜瓜	143	木槿	136
果部		葡萄	132	山茶	72
果之一		獼猴桃	71	山礬	164
棗	129	蘡薁	131	不凋木	85
李	89			木芙蓉	134
栗	33	**果之六**		木棉	137
桃	88	芡實	65	伏牛花	168
梅	87	芰實	154	卮子	169
		烏芋	225	扶桑	135
果之二		蓮藕	64	牡荊	177
安石榴	91			金櫻子	90
佛手柑	113	**木部**		南燭	161
枇杷	83	**木之一**		枳	115
林檎	84	柏	27	枸杞、地骨皮	184
枸櫞	112	天竺桂	58	枸骨	127
柚	111	月桂	60	郁李	86
柿	163	木蘭	55	桑	42
楊梅	29	杉	26	楮	38
榛	32	胡桐淚	75	黃楊木	128
銀杏	28	降真香	110	蔓荊	178
榼實	35	烏藥	59		

中名索引

二畫

八角蓮　63

三畫

三白草　68
大豆　96
大風子　139
大棗　129
大葛藤　99
大蒜　209
大頭菜　77
小石積　85
山茶　72
山黃梔　169

四畫

冇骨消　195
化香樹　30
天竺桂　58
天門冬　212
天臺烏藥　59
孔雀豆　93
巴豆　107
月桂　60
木芙蓉　134
木棉　137
木賊　20
木槿　136
木蘭　55
木鱉子　150
毛茛　62
水芹菜　160
水苦賈　189
水萍　243
火炭母草　45
牛皮消　166
牛蒡　198
牛膝　51
王瓜　151

五畫

冬瓜　141
半夏　242
半邊蓮　197
台灣鉤藤　171
玉蜀黍　234
甘蔗　232
田字草　21
白花益母草　180
白英　185
白茅　227
石胡荽　200
石蒜　216

六畫

伏牛花　168
光滑菝葜　220
印度紫檀　98
在來米　230
安石榴　91
朱砂根　162
朱槿　135
米飯花　161
羊蹄　47
肉桂　57
西瓜　142

七畫

佛手柑　113
吳茱萸　116
尾葉灰木　164
忍冬　194
杉木　26
李　89
決明　100
芋　241
車前草　193

八畫

使君子　152

刺桐　95
板栗　33
枇杷　83
油桐　106
波羅蜜　37
知母　211
芡　65
芫荽　158
虎耳草　81
虎杖　46
金絲草　229
金櫻子　90
阿勃勒　94
青葙　53

九畫

南瓜　146
垂柳　31
垂葉棕櫚　240
威靈仙　61
枳殼　115
枸杞　184
枸骨　127
枸櫞　112
柚　111
柿　163
洋金花　183
砂糖椰子　237
紅毛丹　123
胡瓜　145
胡麻　190
胡椒　70
胡蘿蔔　159
苦瓜　149
苦楝　120
苧麻　43
茄　186
茉莉　165
郁李　86
降真香　110

韭菜	208	蛇莓	82	**十四畫**	
食茱萸	117	通草	156	對葉百部	217
香瓜	143	麥門冬	214	榛樹	32
香附子	224	麻櫟	34	構樹	38
香椿	119			漏盧	201
香蒲	244	**十二畫**		綠豆	102
		無花果	39	蒺藜	105
十畫		無患子	124	蒼耳	206
夏枯草	182	紫花地丁	140	蓖麻	108
射干	221	絡石	167	豨薟	205
桃	88	絲瓜	148	銀杏	28
桑	42	菝葜	219	鳳仙花	126
桔梗	196	菟絲子	172	鳳果	74
海金沙	24	菠菜	50		
海埔姜	178	菱角	154	**十五畫**	
海棗	239	萎蕤	215	槲樹	35
烏臼	109	訶梨勒	153	槲蕨	22
烏斂莓	130	越瓜	144	樟樹	56
益母草	179	酢漿草	104	蓬萊米	231
臭椿	118	黃荊	177	蓮	64
茭白筍	235	黃楊	128	蓴	66
茵陳蒿	199	黃獨	218	豌豆	97
茶	73				
茼蒿	203	**十三畫**		**十六畫**	
荔枝	122	椰子	238	橄欖	125
茗葉	69	楊桃	103	橘	114
馬齒莧	48	楊梅	29	燈心草	222
馬鞭草	176	楓香	80	盧山石葦	23
高粱	233	榔榆	36	蕁麻	44
高麗菜	76	當歸	157	鴨舌癀	175
		萬年松	25	鴨跖草	223
十一畫		萱草	213	龍珠	188
側柏	27	落葵	49	龍眼	121
梅	87	葎草	41	龍葵	187
梓樹	191	葡萄	132		
莢木	155	葫蘆	147	**十七畫**	
梧桐	138	葱	207	爵床	192
淡竹葉	228	葶藶	79	蕹菜	173
牽牛花	174	蜀葵	133	蕺菜	67
細本葡萄	131	鉤藤	170	薏苡	226
荸薺	225	鼠麴草	204	薑	245
莧	52			薜荔	40

十八畫

檳榔	236
雞母珠	92
雞冠花	54

十九畫

瓊崖海棠	75
羅勒	181

二十畫

獼猴桃	71
糯稻	231
蘆薈	210
蘋果	84

二十三畫

蘿蔔	78

二十四畫

蠶豆	101
鱧腸	202

學名索引

A

Abrus precatorius L. 雞母珠　92

Achyranthes bidentata Blume 牛膝　51

Acronychia pedunculata (L.) Miq. 降真香　110

Actinidia chinensis Planch. 獼猴桃　71

Adenanthera pavonina L. 孔雀豆　93

Ailanthus altissima (Mill.) Swingle 臭椿　118

Alcea rosea L. 蜀葵　133

Allium fistulosum L. 葱　207

Allium sativum L. 大蒜　209

Allium tuberosum Rottler ex Spreng. 韭菜　208

Aloe vera (L.) Burm.f. 蘆薈　210

Amaranthus tricolor L. 莧　52

Anemarrhena asphodeloides Bunge 知母　211

Angelica sinensis (Oliv.) Diels 當歸　157

Arctium lappa L. 牛蒡　198

Ardisia crenata Sims 朱砂根　162

Areca catechu L. 檳榔　236

Arenga pinnata (Wurmb) Merr. 砂糖椰子　237

Artemisia capillaris Thunb. 茵陳蒿　199

Artocarpus heterophyllus Lam. 波羅蜜　37

Asparagus cochinchinensis (Lour.) Merr. 天門冬　212

Averrhoa carambola L. 楊桃　103

B

Basella alba L. 落葵　49

Benincasa hispida (Thunb.) Cogn. 冬瓜　141

Boehmeria nivea (L.) Gaudich. 苧麻　43

Bombax ceiba L. 木棉　137

Brasenia schreberi J.F.Gmel. 蓴　66

Brassica oleracea L. var. capitata DC. 高麗菜　76

Brassica rapa L. 大頭菜　77

Broussonetia papyrifera (L.) L'Hér. ex Vent. 構樹　38

Buxus sinica (Rehder & E.H.Wilson) M.Cheng
黃楊　128

C

Calophyllum inophyllum L. 瓊崖海棠　75

Camellia japonica L. 山茶　72

Camellia sinensis (L.) Kuntze 茶　73

Campanula dimorphantha Schweinf. 桔梗　196

Canarium album (Lour.) DC. 橄欖　125

Cassia fistula L. 阿勃勒　94

Castanea mollissima Blume 板栗　33

Catalpa ovata G. Don 梓樹　191

Cayratia japonica (Thunb.) Gagnep. 烏斂莓　130

Celosia argentea L. 青葙　53

Celosia cristata L. 雞冠花　54

Centipeda minima (L.) A.Braun & Asch. 石胡荽　200

Cinnamomum camphora (L.) J.Presl 樟樹　56

Cinnamomum cassia (L.) D.Don 肉桂　57

Cinnamomum tenuifolium Sugim. f. nervosum
(Meisn.) H.Hara 天竺桂　58

Citrullus lanatus (Thunb.) Matsum. & Nakai 西瓜　142

Citrus maxima (Burm.) Merr. 柚　111

Citrus medica L. 枸櫞　112

Citrus medica L. var. sarcodactylis (Noot.) Swingle
佛手柑　113

Citrus reticulata Blanco 橘　114

Citrus trifoliata L. 枳殼　115

Clematis chinensis Osbeck 威靈仙　61

Cocos nucifera L. 椰子　238

Coix lacryma-jobi L. 薏苡　226

Colocasia esculenta (L.) Schott 芋　241

Combretum indicum (L.) DeFilipps 使君子　152

Commelina communis L. 鴨跖草　223

Coriandrum sativum L. 芫荽　158

Cornus macrophylla Wall. 梜木　155

Corylus heterophylla Fisch. ex Trautv. 榛樹　32

Croton tiglium L. 巴豆　107

Cucumis melo L. 香瓜　143

Cucumis melo L. subsp. agrestis (Naudin) Pangalo
越瓜　144

Cucumis sativus L. 胡瓜　145

Cucurbita moschata Duchesne 南瓜　146

Cunninghamia lanceolata (Lamb.) Hook. 杉木　26

Cuscuta australis R. Br. 菟絲子　172

Cuscuta chinensis Lam. 菟絲子　172

Cyperus rotundus L. 香附子　224

D

Damnacanthus indicus C.F.Gaertn. 伏牛花　168

Datura metel L. 洋金花　183

Daucus carota subsp. sativus (Hoffm.) Arcang.
胡蘿蔔　159

Dioscorea bulbifera L. 黃獨　218

Diospyros kaki L.f. 柿　163
Dimocarpus longan Lour. 龍眼　121
Drynaria roosii Nakaike 槲蕨　22
Dysosma pleiantha (Hance) Woodson 八角蓮　63

E

Echinops grijsii Hance 漏盧　201
Eclipta prostrata (L.) L. 鱧腸　202
Eleocharis dulcis (Burm. f.) Trin. ex Hensch. 荸薺　225
Equisetum ramosissimum Desf. 木賊　20
Eriobotrya japonica (Thunb.) Lindl. 枇杷　83
Erythrina variegata L. 刺桐　95
Euryale ferox Salisb. 芡　65

F

Ficus carica L. 無花果　39
Ficus pumila L. 薜荔　40
Firmiana simplex (L.) W.Wight 梧桐　138

G

Garcinia mangostana L. 鳳果　74
Gardenia jasminoides J.Ellis 山黃梔　169
Ginkgo biloba L. 銀杏　28
Glebionis coronaria (L.) Cass. ex Spach 茼蒿　203
Glycine max (L.) Merr. 大豆　96

H

Hemerocallis fulva (L.) L. 萱草　213
Hibiscus mutabilis L. 木芙蓉　134
Hibiscus rosa-sinensis L. 朱槿　135
Hibiscus syriacus L. 木槿　136
Houttuynia cordata Thunb. 蕺菜　67
Humulus scandens (Lour.) Merr. 葎草　41
Hydnocarpus castaneus Hook.f. & Thomson 大風子　139

I

Ilex cornuta Lindl. & Paxton 枸骨　127
Impatiens balsamina L. 鳳仙花　126
Imperata cylindrica (L.) Raeusch. var. *major* (Nees) C. E. Hubb. 白茅　227
Ipomoea aquatica Forssk. 蕹菜　173
Ipomoea nil (L.) Roth. 牽牛花　174
Iris domestica (L.) Goldblatt & Mabb. 射干　221

J

Jasminum sambac (L.) Aiton 茉莉　165
Juncus effusus L. 燈心草　222

L

Lagenaria siceraria (Molina) Standl. 葫蘆　147
Laurus nobilis L. 月桂　60
Leonurus japonicus Houtt. 益母草　179
Leonurus sibiricus L. f. albifl ora (Miq.) Hsieh 白花益母草　180
Lindera aggregata (Sims) Kosterm. 天臺烏藥　59
Liquidambar formosana Hance 楓香　80
Liriope spicata Lour. 麥門冬　214
Litchi chinensis Sonn. 荔枝　122
Lobelia chinensis Lour. 半邊蓮　197
Lonicera japonica Thunb. 忍冬　194
Lophatherum gracile Brongn. 淡竹葉　228
Luffa aegyptiaca Mill. 絲瓜　148
Lycium chinense Mill. 枸杞　184
Lycoris radiata (L'Hér.) Herb. 石蒜　216
Lygodium japonicum (Thunb.) Sw. 海金沙　24

M

Magnolia liliiflora Desr. 木蘭　55
Malus pumila Miller 蘋果　84
Marsilea minuta L. 田字草　21
Melia azedarach L. 苦楝　120
Momordica charantia L. 苦瓜　149
Momordica cochinchinensis (Lour.) Spreng. 木鱉子　150
Morus alba L. 桑　42
Myrica rubra (Lour.) Siebold & Zucc. 楊梅　29

N

Nelumbo nucifera Gaertn. 蓮　64
Nephelium lappaceum L. 紅毛丹　123

O

Ocimum basilicum L. 羅勒　181
Oenanthe javanica (Blume) DC. 水芹菜　160
Oryza sativa L. subsp. *hsien* Ting 在來米　230
Oryza sativa L. subsp. *keng* Ting 蓬萊米　231
Oryza sativa L. var. *glutinosa* Matsum. 糯稻　231
Osteomeles schwerinae Schneid. var. *microphylla*

Rehd. et Wils. 小石積 ... 85
Oxalis corniculata L. 酢漿草 ... 104

P

Phoenix dactylifera L. 海棗 ... 239
Phyla nodiflora (L.) Greene 鴨舌癀 ... 175
Pinellia ternata (Thunb.) Makino 半夏 ... 242
Piper betle L. 荖葉 ... 69
Piper nigrum L. 胡椒 ... 70
Pisum sativum L. 豌豆 ... 97
Plantago asiatica L. 車前草 ... 193
Platycarya strobilacea Siebold & Zucc. 化香樹 ... 30
Platycladus orientalis (L.) Franco 側柏 ... 27
Pogonatherum crinitum (Thunb.) Kunth 金絲草 ... 229
Polygonatum odoratum (Mill.) Druce 萎蕤 ... 215
Polygonum chinense L. 火炭母草 ... 45
Portulaca oleracea L. 馬齒莧 ... 48
Potentilla indica (Andrews) Th.Wolf 蛇莓 ... 82
Prunella vulgaris L. 夏枯草 ... 182
Prunus japonica Thunb. 郁李 ... 86
Prunus mume (Siebold) Siebold & Zucc. 梅 ... 87
Prunus persica (L.) Batsch 桃 ... 88
Prunus salicina Lindl. 李 ... 89
Pseudognaphalium affine (D.Don) Anderb. 鼠麴草 ... 204
Pterocarpus indicus Willd. 印度紫檀 ... 98
Pueraria montana (Lour.) Merr. var. *thomsonii* (Benth.) M.R.Almeida 大葛藤 ... 99
Punica granatum L. 安石榴 ... 91
Pyrrosia sheareri (Baker) Ching 盧山石葦 ... 23

Q

Quercus acutissima Garruth. 麻櫟 ... 34
Quercus dentata Thunb. ex Murray 槲樹 ... 35

R

Ranunculus japonicus Thunb. 毛茛 ... 62
Raphanus sativus L. 蘿蔔 ... 78
Reynoutria japonica Houtt. 虎杖 ... 46
Ricinus communis L. 蓖麻 ... 108
Rorippa indica (L.) Hiern 葶藶 ... 79
Rosa laevigata Michx. 金櫻子 ... 90
Rostellularia procumbens (L.) Nees 爵床 ... 192
Rumex japonicus Houtt. 羊蹄 ... 47

S

Saccharum officinarum L. 甘蔗 ... 232
Salix babylonica L. 垂柳 ... 31
Sambucus javanica Reinw. ex Blume 冇骨消 ... 195
Sapindus mukorossii Gaertn. 無患子 ... 124
Saururus chinensis (Lour.) Baill. 三白草 ... 68
Saxifraga stolonifera Curtis 虎耳草 ... 81
Selaginella tamariscina (P.Beauv.) Spring 萬年松 ... 25
Senna tora (L.) Roxb. 決明 ... 100
Sesamum indicum L. 胡麻 ... 190
Sigesbeckia orientalis L. 豨薟 ... 205
Smilax china L. 菝葜 ... 219
Smilax glabra Roxb. 光滑菝葜 ... 220
Solanum lyratum Thunb. 白英 ... 185
Solanum melongena L. 茄 ... 186
Solanum nigrum L. 龍葵 ... 187
Sorghum bicolor (L.) Moench 高粱 ... 233
Spinacia oleracea L. 菠菜 ... 50
Spirodela polyrhiza (L.) Schleid. 水萍 ... 243
Stemona tuberosa Lour. 對葉百部 ... 217
Symplocos caudata Wall. ex G.Don 尾葉灰木 ... 164

T

Terminalia chebula Retz. 訶梨勒 ... 153
Tetradium ruticarpum (A.Juss.) T.G.Hartley 吳茱萸 ... 116
Tetrapanax papyriferus (Hook.) K. Koch 通草 ... 156
Toona sinensis (Juss.) M. Roem. 香椿 ... 119
Trachelospermum jasminoides (Lindl.) Lem. 絡石 ... 167
Trachycarpus fortunei (Hook.) H. Wendl. 垂葉棕櫚 ... 240
Trapa bicornis Osbeck 菱角 ... 154
Trapa bicornis Osbeck var. *taiwanensis* (Nakai) Xiong 菱角 ... 154
Triadica sebifera (L.) Small 烏臼 ... 109
Tribulus terrestris L. 蒺藜 ... 105
Trichosanthes cucumeroides (Ser.) Maxim. 王瓜 ... 151
Tubocapsicum anomalum (Franch. & Sav.) Makino 龍珠 ... 188
Typha orientalis C.Presl 香蒲 ... 244

U

Ulmus parvifolia Jacq. 榔榆 ... 36
Uncaria hirsuta Havil. 台灣鉤藤 ... 171
Uncaria rhynchophylla (Miq.) Miq. 鉤藤 ... 170
Urtica thunbergiana Siebold & Zucc. 蕁麻 ... 44

V

Vaccinium bracteatum Thunb. 米飯花   161

Verbena officinalis L. 馬鞭草   176

Vernicia fordii (Hemsl.) Airy Shaw 油桐   106

Veronica undulata Wall. 水苦賈   189

Vicia faba L. 蠶豆   101

Vigna radiata (L.) R.Wilczek 綠豆   102

Vincetoxicum atratum (Bunge) C.Morren & Decne.

牛皮消   166

Viola mandshurica W. Becker 紫花地丁   140

Vitex negundo L. 黃荊   177

Vitex rotundifolia L. f. 海埔姜   178

Vitis heyneana Schult. subsp. *ficifolia*

(Bunge) C.L.Li 細本葡萄   131

Vitis vinifera L. 葡萄   132

X

Xanthium strumarium L. 蒼耳   206

Z

Zanthoxylum ailanthoides Siebold & Zucc. 食茱萸 117

Zea mays L. 玉蜀黍   234

Zingiber offi cinale Roscoe 薑   245

Zizania latifolia (Griseb.) Turcz. ex Stapf 茭白筍 235

Ziziphus jujuba Mill. 大棗   129

致謝

本書得以順利付梓，首先要陳昱璋、謝長富兩位老師的大力支持，除了幫我們精選本書收錄物種外，還協助審定全文。也要感謝胡嘉穎、楊智凱、蔡怡君、劉子韻撰寫文稿，並感謝古訓銘、楊智凱、郭信厚、張蘊之、陳煥彰與趙建棣（依照片量順序排列）提供精采照片與協助拍攝。

此外，要特別感謝「福泰藥行有限公司」提供上等藥材供我們攝影，也感謝「台北市萬華區龍山國小」以及「自然科學博物館」提供藥草室與藥草園讓我們拍攝。

本書雖經多次校對，然誤漏或許在所難免，敬祇先進前輩、專家達人不吝賜教指正。

參考資料：

岡西為人，宋以前醫籍考。臺北：進學書局，1969。

那琦，中國藥材之生藥學鑑定法。臺中：中國醫藥學院，1970。

馬繼興，中醫文獻學。上海：上海科學技術出版社，1990。

謝宗萬，中醫品種論述。上海：上海科學技術出版社，1990。

謝文全，本草學。臺中：中國醫藥學院中國藥學研究所，1997。

張火山珅，中醫古文獻學。北京：人民衛生出版社，1998。

那琦，本草學。臺北：國立中國醫藥研究所，2000。

裘沛然等，中國醫籍大辭典。上海：上海科學技術出版社，2002。

張賢哲，道地藥材圖鑑。台中：中國醫藥大學，2007。

張賢哲等，華佗中藏經之研究。臺北：衛生署中醫藥委員會，2008。

金仕起，中國古代的醫學、醫史與政治：以醫史文本為中心的一個分析。臺北：國立政治大學，2010。

古今本草植物圖鑑 收錄台灣227種藥用植物，含藥名辯證、對應藥材與植株

YN7007

審定顧問　陳昱璋、謝長富
責任主編　李季鴻
撰　　文　陳昱璋、胡嘉穎、楊智凱、劉子韻、蔡怡君
攝　　影　陳昱璋、郭信厚、古訓銘、楊智凱、趙建棣、陳煥彰、張蘊之、貓頭鷹編輯室
協力編輯　陳妍妏、陳婉蘭
校　　對　李季鴻、林欣瑋
版面構成　張曉君
封面設計　林敏煌
行銷業務　陳昱甄
總 編 輯　謝宜英
出 版 者　貓頭鷹出版

────────

發 行 人　涂玉雲
榮譽社長　陳穎青
發　　行　英屬蓋曼群島商家庭傳媒股份有限公司城邦分公司
　　　　　104台北市中山區民生東路二段141號11樓　城邦讀書花園：www.cite.com.tw
購書服務信箱：service@readingclub.com.tw
購書服務專線：02-25007718～9 (週一至週五上午09:30-12:00；下午13:30-17:00)
24小時傳真專線：02-25001990～1
香港發行所　城邦 (香港) 出版集團／電話：852-28778606／傳真：852-25789337
馬新發行所　城邦 (馬新) 出版集團／電話：603-90563833／傳真：603-90576622
印 製 廠　中原造像股份有限公司
初　　版　2020年6月
定　　價　新台幣840元／港幣280元
ISBN　978-986-262-424-1
有著作權·侵害必究

貓頭鷹

讀者意見信箱　owl@cph.com.tw
投稿信箱　owl.book@gmail.com
貓頭鷹臉書　facebook.com/owlpublishing/
【大量採購，請洽專線】 (02)2500-1919

國家圖書館出版品預行編目(CIP)資料

古今本草植物圖鑑：收錄台灣227種藥用植
物,含藥名辯證、對應藥材與植株 / 貓頭鷹編
輯室製作. -- 初版. -- 臺北市：貓頭鷹出版：
家庭傳媒城邦分公司發行, 2020.06
256面；16.8×23公分
ISBN 978-986-262-424-1 (平裝)
1.藥用植物 2.植物圖鑑 3.台灣

376.15025　　　　　　　　　　109006907